水体污染控制与治理科技重大专项"十三五"成果系列丛书

重污染河流治理技术与案例

晁雷 苏雷 刘岚昕 著

U0196326

化学工业出版社

·北京·

内容简介

本书针对重污染河流治理技术的原理、特点、项目案例、治理绩效评估等问题进行总结和梳理，主要介绍了河流严重污染的成因、点源污染和面源污染河流的治理技术、河流生态修复技术以及重污染河流治理绩效评估，并通过项目案例展示重污染河流治理技术在实际应用中的效果与经验，为读者提供重污染河流治理策略和实践经验。全书共分5章：第1章河流重污染及治理现状，第2章点源污染河流治理技术与案例，第3章面源污染河流治理技术与案例，第4章河流生态修复技术与案例，第5章重污染河流治理绩效评估。

本书可供环境工程、市政工程等领域的工程技术人员、科研人员和管理人员参考，也可供高等学校环境工程等相关专业师生学习使用。

图书在版编目（CIP）数据

重污染河流治理技术与案例／晁雷，苏雷，刘岚昕著．— 北京：化学工业出版社，2025.4. — ISBN 978-7-122-47323-3

Ⅰ．X522

中国国家版本馆 CIP 数据核字第 202590JC73 号

责任编辑：董　琳　　　　　文字编辑：李　静
责任校对：赵懿桐　　　　　装帧设计：刘丽华

出版发行：化学工业出版社
　　　　　（北京市东城区青年湖南街 13 号　邮政编码 100011）
印　　装：北京天宇星印刷厂
787mm×1092mm　1/16　印张 12　字数 272 千字
2025 年 4 月北京第 1 版第 1 次印刷

购书咨询：010-64518888　　　　售后服务：010-64518899
网　　址：http://www.cip.com.cn
凡购买本书，如有缺损质量问题，本社销售中心负责调换。

定　　价：98.00 元　　　　　　版权所有　违者必究

　　河流在水循环中扮演着重要的角色，是水资源的载体，也是生态系统中能量流动和物质循环的关键环节，影响着水环境质量、生态系统的平衡和人体健康。随着社会经济的快速发展，大量城市生活污水、工业废水、畜禽养殖废水、农业面源等主要污染源涌入河流，导致河流的自净能力快速下降，水生态环境急剧恶化，水生生物受到严重影响，河流污染问题变得日益严重。此外，重污染河流对水资源、水生态、水环境造成了多方面的负面影响。在生态文明建设的背景下，重污染河流已成为制约生态环境质量提升的一大瓶颈。鉴于重污染河流对生态系统和环境的严重危害，消除这些河流污染已成为当务之急。清洁的河流是水资源安全、气候调节、防洪排涝的重要保障，对于提升流域生态系统稳定性和人居环境质量具有重要意义。

　　本书着力突出重污染河流治理的实用性。首先高度概括了河流重污染的成因和重污染河流的物理修复技术、化学修复技术、生物修复技术和生态修复技术，为后续内容打下良好的理论基础。随后根据点源污染、面源污染提出了污染河流的治理技术，并详细列举了应用案例，并对重污染河流治理绩效进行了评估和实证研究。本书可供环境工程、市政工程等领域的工程技术人员、科研人员和管理人员参考，也可供高等学校环境工程等相关专业师生学习使用。

　　本书的出版得到了国家水体污染与治理科技重大专项"辽河流域水环境管理与水污染治理技术推广应用"项目的资助，汇总了"十三五"期间课题组的部分工作成果，旨在梳理和总结重污染河流治理技术的原理、特点及项目案例等工作内容，为流域水生态环境研究治理、评估和管理提供参考。

　　全书共5章，第1章、第2章由晁雷执笔，第3章、第4章由苏雷执笔，第5章由晁雷、刘岚昕执笔，全书由晁雷、苏雷统稿并定稿。

　　本书得到了辽宁省生态环境保护科技中心、盘锦市生态环境局、盘锦市水利局、辽宁省盘锦生态环境监测中心的大力支持，提供了大量基础数据，在此表示诚挚的谢意！

　　由于著者水平及时间有限，书中不妥和疏漏之处在所难免，恳请读者不吝指正。

著者

2024 年 10 月

目录

第1章 河流重污染及治理现状

1.1
河流重污染成因

由于河流长期接收超过其自净能力的污染物，水体的理化性质发生显著变化，使河流的生态系统受到严重的破坏，水体功能大幅下降，造成河流逐渐成为重污染河流。从社会经济角度分析，河流污染的主要原因可以分为如下3类。

① 城市污水排放总量不断增长，但污水的处理率没有同步增加，致使河流遭受严重污染，既影响了河流的水质，又影响了城市的景观，破坏了城市的生态环境，使人们的健康和生活受到损害。

② 工业废水排放仍是河流目前的重要污染源。虽然外资企业、合资企业和国有大中型企业排放的污水得到了有效治理，对污染严重的工厂采取了关闭、搬迁等措施，但是许多中小型企业和乡镇企业排放的废水没有得到有效治理，偷排、漏排的现象时有发生，甚至有些国家明确规定不许排放的有毒有害物质仍排入河流，导致河流污染日趋严重。

③ 随着郊区城市化发展，小城镇的生活污水量急剧增加，化肥、农药的流失量也越来越多，而且郊区畜禽养殖业的发展，使规模化养殖场的排泄物和废水基本上未经处理就直接排入河流，成为日益严重的污染源。

根据河流外部污染源排入水体的方式，又可分为点污染源和面污染源两类。这两类污染源的形成机理、变化特征及治理和管理方法均有较大的不同。点污染源是指工业生产过程中产生的废水和城市污水，一般都集中从排污口排入水体。面源污染是相对点源污染而言，指降雨产生的径流携带地表的污染物，包括土壤层冲刷物、地表沉积物、农田养分肥料和化学物质以及人类活动产生的废弃物等，进入水体形成污染负荷。

根据污染源相对于水体的位置，可以把河流转变成重污染河流的主要原因分为外源污染和内源污染，外源按照空间形态又可分为点污染源、线污染源和面污染源。内源是指水体内的污染源，通常包括河道底泥释放的污染、水产养殖产生的污染以及水体中水生动植物释放的污染。河流转变成污染河流的主要原因分为点源污染、面源污染和内源污染3类。

1.1.1 点源污染

对河流污染而言，点源污染主要包括工业废水和城市污水污染。点源的污染物多，成分复杂，变化规律受工业废水和城市污水排放规律的影响，即有季节性和随机性。

（1）工业废水污染

工矿企业生产过程的每个环节都有可能产生废水，工业废水的特点是量大、种类繁多、成分复杂、毒性强、净化和处理较困难。一般来讲，钢铁、焦化和炼油厂排出的废水中含有酚类化合物与氰化物；化工、化纤、化肥、农药、制革和造纸等工厂排出的废水中包括砷、汞、铬、农药等有毒有害物质；印染、造纸、制碱、矿山开采等过程排出的是含油类、泡沫和漂浮物的有色、有异味的废水；动力工业排出的高温冷却水，会使水温升高、颜色异常、产生异味。由于工业行业类型较多，生产工艺比较复杂，工业废水中的污染物也就各种各样。

工业废水中的某些有毒有害物质，通过动植物的富集作用和食物链的传递可能对人体造成致命危害。有些合成有机物（如农药、杀虫剂等），特别是含氯有机物，有致癌、致畸、致突变的作用。我国污水排放标准中明确规定，严格禁止有毒有害物质排入环境。目前工业废水仍是河流的主要污染源之一。工业废水主要有 5 种排放方式：

① 直接向就近的地表水体排放；
② 经过处理后向就近的水体排放；
③ 直接向市政排放管网系统排放；
④ 经过处理后排入市政排水系统；
⑤ 由污水截流外排系统接纳。

（2）城市污水污染

城市污水是各种废水的混合物，来自厕所、厨房、浴室等设施，以有机污染物为主。城市污水直接排入河流后，会大量消耗水中的溶解氧，恶化水体生态系统，乃至鱼虾绝迹、水体恶臭、河水失去原有功能。城市污水主要来源于以下几种。

① 居民生活污水。居民生活污水主要来自厨房、盥洗、排泄物等。目前，我国居民生活污水绝大部分都未经处理直接通过市政污水系统进入河流，对城市河流产生污染。

② 城市排水系统。合流制排水系统对河流的污染主要表现在下雨初期，管道中大量的污水伴随管道中沉积多日的污泥黑垢排入河流，对河水产生巨大污染。严重时，使河水黑臭、鱼虾死亡。

③ 农村城镇排水系统。农村城镇排水系统多为合流制系统，大部分地区的城镇排水不经过处理直接排入合流。随着乡镇工业发展，城镇排水系统的污染负荷还包括部分有毒有害的工业废水等。

④ 第三产业排放。第三产业排放的污水在城市污水中所占的比例越来越大，主要来自餐饮、旅馆、娱乐行业。也有许多小型单位的污水，不经处理直接排入下水道或附近的河流。

1.1.2　面源污染

面源污染是一种分散的污染源，污染物来自大范围或大面积，向环境排放是一个间歇性的分散过程。重污染河流的面源污染按其来源大致可以分为以下几种。

① 自然污染。来自自然界的大气、土壤污染，这部分可以称为背景污染。

② 大气污染。主要指大气中的悬浮物和降落物，这些物质是由人为作用造成的大气污染物，扩散沉降造成对地表水体的污染，如烟尘、扬尘等。

③ 降水污染。与大气污染密切相关，但不是自然降落。降水过程是一个淋洗、冲刷大气层的过程，因此大气污染物溶解在雨水中并随之进入地表水体。

④ 土壤污染。土壤层受降雨冲刷，导致土壤颗粒物、土坡淋洗溶出的有机物或无机物和重金属元素等随雨水径流进入水体。

⑤ 农业污染。因降雨冲刷流失入河的化肥养分和化学物质、污灌区农田污染物、畜牧业废弃物等都包括在农业污染负荷中。另外，水田渗漏及排水、水产养殖区换排水都直接影响河流的水质。例如在西坝河生物修复实验过程中，河道两边的农业负荷给实验就造成了很大影响，实验被迫停止的原因就是农业灌溉造成滇池水倒灌整个实验河段。

⑥ 城镇污染。堆积在空地、路面、房顶上及排水系统中的工业、交通和居民生活生产的各类废弃物、地表散落物、路面尘土、生活垃圾、施工建筑等，经降雨冲刷全部汇入河流。

1.1.3　内源污染

河流底泥是指河流底部的表层沉积物质，是水体中的重要组成部分。由于底质中所含的腐殖质、微生物、泥沙及土坡微孔表面的作用，底质表面发生了一系列的沉淀、吸附、化合、分解等物理、化学及生物转化作用，对水中污染物质的自净、降解、迁移、转化等过程起着重要作用。

污染河流的沉积物中积蓄了各种各样的污染物，显著地表征出水环境的物理、化学和生物学的污染现象。由于分解、解析和界面反应的作用，并不断受到水流的冲刷，蓄积的污染物会部分向上层水体扩散，产生二次污染。底泥厌氧时还会释放出异臭气体。可以说，底泥是河道中主要的内在污染源。

通常来说，底泥污染主要通过以下 3 个过程影响河流水质。

① 底泥耗氧，造成水体缺氧。

② 底泥污染物释放（包括碳、氮、磷和金属元素等物质），造成水体污染物含量增大。

③ 底泥污染的生态毒性［主要由难降解有机物多环芳烃（PAHs）、多氯联苯（PCBs）等组成］，由于疏水性强、易降解，在底泥中大量积累。通过生物富集作用，有毒有机物可以在生物体内达到较高的水平，从而产生较强的毒害作用，通过食物链还可能毒害到人类。

除此以外，污染河流内部污染源还包括藻类植物、水面漂浮物等，对水体的影响主要是耗氧性污染、富营养化污染或毒性污染，同时也直接影响了河流景观和航运功能等。

1.2
重污染河流治理与修复技术

1.2.1　物理修复技术

物理修复技术在河流治理中使用较多的是曝气复氧、底泥疏浚、引水调度、截污分流、机械除藻等技术。

（1）曝气复氧

污染严重的河道水体由于营养物质等污染物的存在，耗氧量大于水体的自然复氧量，溶解氧量很低，甚至处于缺氧或厌氧状态。向处于缺氧或厌氧状态的河道进行人工充氧的过程称为河道曝气复氧，以增强河道的自净能力，改善水质和河道的生态环境。

现今较为常用的人工曝气方式可根据曝气位置大致分为水体曝气和底泥曝气。水体曝气亦可称为水体流动，其原理是扰乱水体的分层结构，使上覆水与间隙水混合，增加水中溶解氧含量。底泥曝气是将曝气结构插入底泥中或贴近底泥表面，通过曝气等方式引起底泥的大幅度搅动，随着对底泥的扰动-静置到再扰动-再静置的过程，使上覆水中氮磷元素向底泥迁移以达到净化水质的目的。而根据曝气原理的不同亦可将曝气技术分为鼓风曝气、机械搅拌曝气、射流曝气以及曝气船技术等，常见的曝气技术及其特点如表 1-1 所示。

表 1-1　常见曝气技术及其特点

曝气技术	适用范围	优缺点
鼓风曝气	多用于河流的水体曝气、底泥曝气	复氧效率高,但对于庞大的管网系统,管路安装困难,工程造价和运行费用较高
机械搅拌曝气	多用于河流和鱼塘等水体曝气和底泥曝气	安装工程量小,占地面积小,维修较为方便,但对水流的搅动较大,易被缠绕,且深水富氧能力较差
射流曝气	多用于河湖的底泥曝气	富氧能力较强,构造简单,运转灵活,维修方便,但覆盖面积较小,且装置均需沉底安装
曝气船技术	多用于河湖水体曝气	复氧效率高,且更加灵活,但是费用较为昂贵

河流曝气技术一般应用在以下两种情况：第一种是在污水截流管道或其他污水处理设施建成之前，为解决河流水体的严重有机污染和黑臭问题而进行人工充氧，如德国莱茵河支流埃姆歇河（Emscher）的人工充氧；第二种是在已经经过治理的河道中设立人工曝气装置作为应对突发性河流污染（如暴雨溢流、企业突发事故排放等）的应急措施，如英国泰晤士河的移动式充氧平台（曝气船）。此外，夏季水温较高，有机物降解速率和耗氧速率加快，也可能造成水体的缺氧或溶解氧量降低。以上几种情况发生后，进行河流人工复氧是恢复河流的生态环境和增强河流自净能力的有效措施。

在使用曝气复氧技术前需先对水体进行取样检测，明确水体现阶段的状况，根据实际情况确定改善目标，计算出水体需要的氧气量。在确定水体氧气量需求的基础上，选择合适的设备，部分设备充氧效率与充氧量有限，需要谨慎选择。最后对现场进行实地考察，根据实际情况制订曝气复氧方案，曝气复氧技术能够有效增加水体中的氧气含量，但如果不从源头解决污染问题，依旧不是长久之计。

河流曝气复氧工程由于良好的效果和相对较低的投资与运行成本，成为一些发达国家如美国、德国、英国、葡萄牙、澳大利亚、韩国在中小型污染河道乃至港湾和湖泊水体污染治理中经常采用的方法。国内的应用实例也很多，上海市徐汇区原环境保护局于 1996 年对上澳塘潘家桥河段进行了人工充氧试验。经过一个月的曝气，河流水质得到很大改善，五日生化需氧量（BOD_5）去除率为 56.4%～72.5%，重铬酸盐指数（COD_{Cr}）的去除率为 48.5%～61.0%。在试验的基础上，徐汇区原环境保护局又于 1998 年在徐汇区东上澳塘实施了河流曝气复氧工程。苏州河的曝气复氧一期工程是苏州河环境综合整治一期工程 10 个子项目之一。为了缓解苏州河北新泾河段沿江的 37 座泵站雨天排放合流污水对苏州河水质的影响，上海市苏州河综合整治建设有限公司建造了一艘大型充氧船"苏曝氧 1 号"，并于 2001 年 11 月下水。该充氧船采用先进的纯氧-混流增氧系统，变压吸附制氧（PSA）的充氧能力为 3.5t O_2/d。该船为当时国内最大的，具有世界先进水平的水上充氧平台。

（2）底泥疏浚

河流中的沉积物又称为底泥，河流的底泥由于历年排放的污染物大量聚集成为内污染源。在污染控制达到一定程度后，底泥的污染将会突显出来，成为与水质变化密切相关的问题。即使发达国家在水质改善方面相当成功，但对河流底泥的污染控制也不容乐观，如美国国家环保局（USEPA）在 1998 年 9 月的《污染沉积物战略总报告》中指出，在全美国的许多水域，污染沉积物都造成了生态和人体健康的危机，沉积物已成为污染物的储存库。

河流底泥中的污染成分较复杂，主要污染物为重金属和有机污染物等。底泥中的硫和氮含量较高，是河流黑臭的主要原因之一。当河流污染较严重时，底泥释放对上覆水质的影响不明显；河水污染程度减轻、水质改善后，污染物浓度梯度加大，底泥中污染物释放就会增加，造成污染。

疏浚污染底泥就是通过对河道底泥的清挖，将污染物从河道系统中清除出去，进而较大程度地削减底泥对上覆水体的污染贡献率，尤其能显著降低内源磷负荷，从而达到改善水质的目的。疏浚方式主要分为水利疏浚和环保疏浚两种。水利疏浚主要采用较为常见的干河清淤方式，即通过截断河流，挖去底泥的方式进行处理，可在短时间内迅速达到目的。环保疏浚主要采用绞吸式挖泥船及水面小型清淤平台，将装置深入河底吸取污泥，以减少河水的扰动，可降低二次污染。水利疏浚工艺流程和环保疏浚工艺流程分别如图 1-1 和图 1-2 所示。

对于不同河流，遭受污染的类型、时间和程度不同，污染底泥的厚度、密度、污染物浓度的垂直分布差别很大，因此在挖除底泥前，应当合理确定挖泥量和挖泥深度。此外河流底泥中通常还生长有一些水生动植物，底泥疏浚对生态系统有一定影响。一般不宜将底

图 1-1　水利疏浚工艺流程

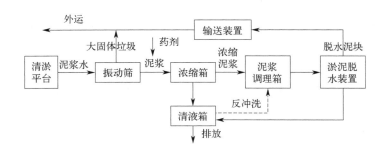

图 1-2　环保疏浚工艺流程

泥全部挖除或挖得过深，否则可能破坏水生生态系统。

　　昆明市在治理水污染时底泥疏浚力度较大，例如：1998 年 2 月至 1999 年 4 月的草海底泥疏浚工程，疏浚水域为内草海和外草海北部，疏浚面积为 2.83km²，占草海面积 38%，采用环保型绞吸式水下疏浚方式，疏浚工程量为 433×10^4 m³，共清除总磷 1700t，总氮 20000t，重金属 5000 多吨，使草海容积增大 424m³，草海水质得到改善。2004 年 4 月开工的明通河下段（大清河）综合整治工程和槽河综合整治工程，底泥疏浚量分别为 7.52×10^4 t 和 4×10^4 t。

　　底泥疏浚技术有优异的处理效果，是目前国内中小河道水环境整治中最常用的治理措施之一。疏浚底泥虽然可以改善河道水体水质、河道水动力条件和环境景观，但有研究显示利用抓斗疏泥会在底泥上升的过程中进一步促进底泥释放有机质和重金属离子等，增加水质恶化的潜在风险。因此对特定的水体而言，是否需要对其底泥做彻底的疏浚，或者底泥究竟疏浚到什么程度才不至于将深层底泥中富集的重金属等污染物质暴露出来二次污染上覆水体，这需要进行细致、周密的研究。而且，大规模的底泥疏浚需要充足的资金来支持。另外，被清除的污染底泥的最终处理是也一个棘手的问题，是安全填埋，还是合理利用，都需要进行充分的研究论证。

　　（3）引水调度

　　引水调度是指将水质较好、水体生态结构较为完整的水源引入水质较差的水体中，通过调活水体、增大流速，对水中污染物进行冲刷和稀释，从而达到一个短时间的快速治理效果。具体而言，其是利用被引水的潮汐动力和清水资源，通过建立水闸、泵站等工程，引入污染河道上游或附近的清洁水源改善下游污染河道水质，增大污染河道的水量，加快水体更新速度，促进污水的稀释，使河水在河道中的停留时间缩短，提高河水的复氧能力与自净能力，进而加快水体污染物的降解速度，从而改善目标河水水质的一种水资源调度方式。

实现区域河网水流调度必须具备 3 个先决条件：

① 比较完善的泵闸系统，通过泵闸的开启与关闭，完成水流调度；

② 比较丰富的水量资源，满足水流内、外循环的要求；

③ 河流上游、下游能人工控制到一定的水位差。

总的说来，对于污染河道上游或附近具有充足的清洁水源、水利设施较完善的河网地区，利用调水改善河道水质是一种投资少、成本低、见效快的治理方法。

综合调水是物理方法，污染物只是转移而非降解，会对流域的下游造成污染，所以在实施调水前应进行理论计算预测，确保冲污效果和承纳污染的流域下游水体有足够大的环境容量。引水调度虽然应用范围较为广泛，但仅可以起到救急的作用，工程停止后污染物浓度会出现回弹的情况，在工程进行的同时，需使用一些针对污染物本身的方法协同治理，才能获得一个水质较好且稳定的目标水体。

1.2.2　化学修复技术

河流化学处理技术包括化学除藻、化学絮凝法和重金属的化学固定等。化学处理法的突出特点在于见效快、方法简单，在某些特殊的条件下对受污染严重的河流运用化学处理法，能够起到控制和缓解污染的作用。

（1）化学除藻

化学除藻是控制藻类生长的快速有效方法，在治理湖泊富营养化中已有应用，也可作为严重富营养化河流的应急除藻措施。化学除藻法就是将化学药剂投放到水体中，通过药物中的特定成分作用于藻细胞，使藻细胞失去活性而死亡。常用的杀藻药物有硫酸铜、络合铜、漂白粉、二氧化氯、红霉素等，使用这些化学药剂能够快速清除水中的藻类，让水体变得清澈，但同时这些化学药剂也会将部分有益藻清除，减少水中有益藻的数量，而且大量使用也会对水体造成二次污染。

化学除藻操作简单，可在短时间内取得明显的除藻效果，提高水体透明度，但该法不能将氮磷等营养物质清除出水体，不能从根本上解决水体富营养化。而且除藻剂的生物富集和生物放大作用对水生生态系统可能会产生负面影响，水中生物受其影响会缺氧而死，而大量化学物质一旦被人体吸收，也会对人体的健康产生不良影响，长期使用低浓度的除藻剂还会使藻类产生抗药性。因此，除非应急和健康安全许可，化学除藻一般不宜采用。

（2）化学絮凝法

化学絮凝法是一种通过向目标水体投加化学药剂（一般为混凝剂），引起污染物混凝沉淀，从而达到改善水质目的的污水处理技术。近年来，化学絮凝法在强化城市污水一级处理的效果方面得到了广泛的研究和应用。随着水体污染的形势日趋严峻，对严重污染的水体（如黑臭水体）的治理，化学絮凝法的快速和高效也受到人们的重视。絮凝沉淀对于控制污染河流内源磷负荷，特别是河流底泥的磷释放，有一定的效果。根据不同水体主要污染物不同，投加相对应的药品，有针对性地对水体进行除藻、除磷等操作。对于混凝剂的选用，主要以金属盐为主。常用药剂有硫酸亚铁、氯化亚铁、硫酸铝、碱式氯化铝、明矾、聚丙烯酰胺、聚丙烯酸钠等。

化学絮凝处理技术应用于污染河水治理一般有两种：第一种是直接将药剂投加到水体中改善水质；第二种是将河水用泵提升至岸边的构筑物中，投加药剂使之发生絮凝沉淀，出水回流至河道，从而净化水体。前者发挥作用快，但有一定局限性。例如，将铝盐絮凝剂投加到污染水体中，产生大量氢氧化铝与水体中的悬浮物、胶体以及磷等物质发生絮凝、吸附反应，最终通过沉淀去除。过量的氢氧化铝覆盖在底泥表面，可以吸附从底泥释放的磷或者形成铝酸盐，从而阻止磷释放于水体中（钝化）。通过此途径，内源性磷可在较长时间（如几年）内得到抑制，从而抑制河流的富营养化。这种应用方式的优点是简便易行，见效快，费用低。但其最大缺点是容易受水体环境变化（如 pH 值改变）的影响。例如，酸雨或酸沉降可能引起水体 pH 值剧烈下降，由此导致沉淀态的铝变为溶解态的铝离子，被沉淀的磷可能重新溶解或悬浮起来进入水体，加剧富营养化。另外，在选择絮凝剂时应考虑对水体中的生物有无毒害。第二种应用方式实质上就是污染河水的化学强化一级处理。需要在岸边适当位置建用于絮凝处理的构筑物，根据污染河流水文情况，还需确定是否建造闸或坝等辅助构筑物，因此工程投资较大。此法处理效果好且稳定，另外，由于化学絮凝沉淀在构筑物内进行，固液分类后沉淀物被截留处置，因此不会直接对水体产生二次污染。

城市污染河流的治理往往需要投入大量费用。化学絮凝技术成本低、起效快，具有适应天然河道水力及污染物负荷变化大的特点，特别是去除磷与 COD 污染物的效果更明显，这对减轻我国南方区域性河流和湖泊富营养化具有重要应用价值。对河湖等具有生态系统的水体来说，需综合考虑化学药剂投加过程中的各项因素以及对水体中动植物的损害。

（3）重金属的化学固定

河流中的重金属污染属于较为严重的污染之一，会对水体产生较大的负面影响，同时严重影响水中生物及人体健康，急需对其进行治理。重金属化学固定法是治理重金属污染的主要方法之一，主要是通过化学的方式将水中的有毒重金属固定起来，将其活跃的形态转化成不活泼的形态，避免其在水中进一步扩散，以降低河流污染程度。重金属化学固定法主要有两种：一是通过物理、化学的吸附作用使得重金属不易浸出；二是使重金属与材料发生键合反应形成复合物，或者因为二者大小相似而出现置换现象，最终导致重金属固化。调高 pH 值是将重金属结合在底泥中的主要化学方法，在较高 pH 值环境下，重金属会形成硅酸盐、碳酸盐、氢氧化物等难溶性沉淀物。加入碱性物质将底泥的 pH 值控制在 7～8，可以抑制重金属以溶解态进入水体。常用的碱性物质有石灰、硅酸钙炉渣、钢渣等，施用量的多少，视底泥中重金属的种类、含量及 pH 值的高低而定，但施用量不应太多，以免对水生生态系统产生不良影响。

除了主要参与反应的化学试剂，包埋材料的选择同样也是该技术能否实施的关键。目前较为常见的载体包括无机载体、有机载体、改性载体等。底泥固定化载体的种类及优缺点如表 1-2 所示。

表 1-2　底泥固定化载体的种类及优缺点

载体类型	材料	优缺点
无机载体	活性炭、黏土、二氧化硅、沸石、硅藻土、生物炭、高岭土等	传质效果好，不易降解，机械强度高，廉价易得，无毒性，成本低，寿命长；比表面积较小，吸附量小，易脱落
有机载体	天然有机载体：琼脂、纤维素、天然橡胶、水性聚氨酯	天然有机载体：固定化密度高，有较好的环境友好性；机械强度差，易被微生物分解，使用寿命短
	合成有机载体：聚乙二醇、聚乙烯醇、聚丙烯酰胺、聚氨酯泡沫、丙烯酰胺等	合成有机载体：软硬程度可调节，柔韧性能良好，附着力强，抗微生物分解性好，性质稳定，耐久性强；传质性能稍差
改性载体	锆/镧/铝改性沸石、酸碱改性凹凸棒石、石墨烯氧化物改性聚乙烯醇（PVA）、纳米 SiO_2 改性聚氨酯（PU）等	微生物负载量高且不易脱落，稳定性、生物活性、传质性等提高，微生物吸附能力和结合强度增强

该技术具有操作简便的优势，但也具有潜在的威胁。例如，过氧化钙材料入水会提高水体的 pH 值；隔断底泥在降低氮磷等污染物释放的同时，也隔断了底泥生态系统，有可能会破坏目标水体的生态系统，导致水环境恶化。

1.2.3　生物修复技术

（1）动物修复技术

动物修复技术即水生动物操纵技术，通过控制水中的浮游动物、底栖动物、鱼类等各级消费者与目标生产者之间的关系，修复甚至补充新的消费者到破损的食物链中，通过它们的生命活动如生长、繁殖等对污染物进行破碎、分解以及同化等，从而达到修复水质，控制整个生态系统污染问题的目的。

水生动物操纵技术在处理环境问题的同时，通过提高生物多样性来稳定目标水体的生态系统，且后期资源投入相对较少。但是目前也存在许多问题，例如，水生动物对污染物的选择性摄入以及难降解污染物带来的生物放大问题等，另外，物种的选取以及食物链的构建也并非易事。

（2）植物修复技术

植物修复技术是利用植物对污染物的吸收、同化等作用实现对污染物的控制，主要针对重金属污染、营养物质污染等水体污染。植物不仅会通过与藻类竞争阳光等方法影响藻类过度繁殖，有些植物还会释放化感物质来抑制藻类生产。使用的植物主要以水生植物、沉水植物和陆生植物为主，利用这部分植物吸收水体中的营养物质和重金属，从而达到净化河流的目的。植物修复法使用成本低，不会对河流周围的土壤以及河道造成破坏，同时还可以发挥景观作用，使河流及周边更加美观，因此被广泛使用。植物类别及特点如表 1-3 所示。

植物修复技术以太阳能为主要能源，经济成本较低，在处理水质的同时还兼具美化环境的作用，且重金属是植物最擅长去除的污染物之一。但其起效时间较长，并且植物作为生产者，吸收的重金属在生物链的传递上会有明显的生物放大情况出现。植物的搭配配比、种植密度以及投放顺序也是需要认真推敲的 3 项指标，以免由于对物种考虑缺失而引起物种入侵。同时，还要考虑到植物枯萎等因素，其带来的有机质释放作用会导致水质进一步恶化。

表 1-3 　 植物类别及特点

类别	代表植物	特点
挺水植物	荸荠、荷花、水雍、香蒲等	挺水植物对重金属转运能力较强,其耐受性较好,对 Pb 吸收能力较强
漂浮植物	水浮莲、浮萍、凤眼蓝等	对重金属有较强的积蓄能力,对 Se、Cu 积蓄能力较强
浮叶植物	莲、水鳖、睡莲、荇菜等	对 Cr^{4+} 有很强的吸收能力,适用于高中低浓度 Cr^{4+} 的处理
沉水植物	黑藻、苦草、金鱼藻、眼子菜等	根部和叶部都可积蓄较高重金属,生长条件较为宽松

（3）微生物修复技术

微生物修复技术只需将天然具有或经后期培育的具有将目标污染物转化为无害物质能力的微生物投放到河流中,通过微生物对污染物质的降解作用达到净化河流的目的。相较于其他方法,微生物修复法具有费用低、操作简单等优点。在面对水质环境较为复杂的水体时,需选取甚至定性培育具有针对性的菌种。微生物修复技术对河流水质的影响立竿见影,效果显著。但在使用中也需要注意不能过多投放,一旦微生物大量繁殖,也会对水资源造成一定影响。

值得注意的是,部分微生物可以适应污染较为严重的环境,大部分动植物在面对严峻的外部环境时容易出现死亡等现象,会导致污染进一步加重。

1.2.4 　 生态修复技术

生态修复是指通过人为的调控,使受损害的生态系统恢复到受干扰前的自然状况,恢复其合理的内部结构、高效的系统功能和协调的内在关系。

（1）人工湿地技术

人工湿地技术是 20 世纪 70 年代发展起来的污水处理技术,目前,美国和加拿大已有 300 多个人工湿地污水处理系统,欧洲有 500 多个,其规模小至 $40m^2$,大至 1000 多公顷。我国自"六五"开始开展了人工湿地小试、中试到实用规模的试验,取得了人工湿地工艺特征、技术要点及工程参数等研究成果。

人工湿地是一种由人工建造和监督控制的、与沼泽地类似的地面,这种湿地系统在一定长宽比及底面有坡度的洼地中,由土壤和填料（如砾石等）混合组成填料床,废水可以在床体的填料缝隙中流动,或在床体的表面流动,并在床的表面种植具有处理性能好、成活率高、抗水性能强、生长周期长、美观且具有经济价值的水生植物（如芦苇等）,形成一个独特的生态环境,对污水进行处理。可溶性有机物则通过植物根系生物膜的吸附、吸收及生物代谢降解过程而被分解去除。人工湿地的污染净化过程涉及物理、化学、生物等多方面综合作用。人工湿地对污染河水的净化主要有以下几个途径:

① 通过过滤和截留去除颗粒物;

② 通过湿地介质的吸附、络合、离子交换等作用去除磷和重金属离子;

③ 通过湿地微生物作用,降解有机污染物,去除水中的氮;

④ 通过植物吸收去除水中的氮磷,富集重金属。

人工湿地技术需要较多步骤才能完成,首先相关人员需要考察需净化区域是否能够使用人工湿地技术，在能够使用人工湿地技术的前提下，选择合适的砾石、砂石、土壤以及混合料等材料作为填充材料；其次，将准备好的填料填充到河床上，利用填料本身的性质与填料之间的缝隙实现河流的初步净化；最后，在填充好的河床上种植绿色植物，在选择植物时应该以容易成活、生长周期较长的植物为主。在整个流程完成后，相当于在河流河床上建立了一个人工湿地，通过植物、填充物等对河流进行净化，在净化的同时增加了美观性。

（2）人工生态浮岛技术

生态浮岛是指在水面上漂浮的，有利于水生动物、植物、微生物等生物生存的环境。人工生态浮岛则是指人工将漂浮物放置在水中。人工生态浮岛技术的核心是将植物种植到水体水面上，利用植物的生长从污染水体中吸收利用大量污染物（主要是氮、磷等营养元素）。

世界上第一个人工生态浮岛是德国人于 1979 年设计和建造的，此后，该技术在河流、湖泊等的生态恢复和水质改善中得到了广泛的应用。人工生态浮岛技术能够有效促进微生物、植物、水生动物的生存与繁殖，通过促进这些生物的生长，达到降解水体中的污染物、净化河流的目的。除此之外，人工生态浮岛和人工湿地相同，都能增加河流的美观性，创造了生物（鸟类、鱼类）的生息空间，目前已经逐渐成为河流净化的主要技术之一。

第2章 点源污染河流治理技术与案例

2.1
污水处理厂入河尾水深度处理技术概述

2.1.1 AAO工艺优化与强化脱氮技术

由于AAO（anaerobic anoxic oxic）工艺本身固有的欠缺，以及运行控制的不当，其强化脱氮除磷和稳定运行一直是待解决的共性问题。科研人员围绕示范工程验证、工艺调控、问题识别、诊断等方面，对污水处理厂脱氮除磷困难、达标不稳定等问题进行了研究。

（1）技术特点与原理

在遵循"全程控制、整体优化"原则的基础上，为解决污水处理厂进水总磷（TP）超标问题，将多点物化辅助除磷和生物调控等措施应用到上述问题中，也就是所说的多点物化除磷措施，不仅提出了常态运行对策，还针对总磷稳定达标运行出现的紧急情况建立了应急处理办法，措施主要包括在进水口设置物化除磷系统，在二沉池出水处再进行物化除磷，最后在深度处理砂滤池前进行物化除磷。

不同混凝剂对磷的去除效果会不同程度地影响生物系统的活性污泥，并且混凝剂的类型对除磷效果的影响更大。该研究确定的最优方案是在进水口添加聚铁盐（PFC），同时在中间和末端添加聚氯化铝（PAC）。这不仅将处理工艺的稳定性提高，同时将深度处理部分的负荷降低。

针对传统AAO基于单一回流硝化液脱氮的技术瓶颈，提出了在好氧区末端新增一个缺氧区的方法，用于强化脱氮。同时，在该缺氧区中安装生物填料，利用生物膜脱氮。通过两个缺氧区实现了活性污泥和生物膜的双重脱氮功能。

（2）技术创新点

通过对工艺设计、设备状况、运行状况的研究，建立了AAO工艺脱氮贡献的评价方法；利用常年运行数据，系统评价工艺运行的稳定性和存在的问题；建立了AAO脱氮诊断的在线监测和评价方法；结合脱氮效果的关键控制因子［FA（游离氨）、FN_1（游离硝酸）和FN_2（游离亚硝酸）］设定取值并动态调控运行参数。

提出AAO工艺节能降耗技术，对提升泵房进水泵进行优化变频，在满足工艺要求的基础上，有效降低了进水泵的运行能耗；变频调节鼓风机，减少曝气量，减少能耗；污水处理厂工艺段全程分析表明：硝化液回流点位于第二廊道末，可基本完成生化反应；第三廊道对于硝化、碳化反应的贡献不大。故根据 DO（溶解氧）、NH_3-N 指标来调整曝气量，减少风机能耗。

2.1.2　MBR 强化脱氮除磷技术

（1）技术特点与原理

充分利用膜生物反应器（MBR）截留高浓度污泥的特点，使高浓度的硝化菌滞留在反应器内，提高硝化效果；利用细胞内部碳源，通过合理的工艺设计，强化内源反硝化，提高总氮（TN）去除率；利用膜的高效截留效果，强化对胶体磷的截留；根据 MBR 工艺的特点，优化使用化学除磷药剂的方法，以弥补生物除磷作用的不足，强化除磷效果。

工艺流程包括厌氧—前缺氧—好氧—后缺氧—膜池。污水首先进入厌氧池，在该池发生厌氧释磷，厌氧池出水流入前缺氧池，来自好氧池的回流带来大量硝酸盐，反硝化菌利用进水中的碳源进行反硝化脱氮，同时部分反硝化聚磷菌利用胞内聚羟基脂肪酸酯（PHA）进行反硝化除磷，进入好氧池将水中的氨氮通过硝化作用去除，聚磷菌通过吸磷去除溶解性磷，好氧池出水流入后缺氧池，由于碳源在好氧池已基本消耗殆尽，此阶段的主要功能是利用高污泥浓度促进内源反硝化，实现 TN 的深度去除。最后进入膜池，该池的高污泥浓度、高溶解氧和高分离能力进一步保障出水水质。

（2）技术创新点

开发了针对污水水质的强化内源反硝化的 MBR 脱氮除磷工艺技术，解决低 C/N 污水出水氮磷浓度难以同时达标的难点，具有抗冲击负荷能力强、出水水质稳定等优点。

2.1.3　污水厂 AAO 工艺功能提升"精细化"调控技术

（1）技术特点与原理

现代企业管理中的必然要求之一就是精细化，主要包括服务质量和社会分工的精细化，这一理念发源于日本。精细化管理的基本内涵由精益求精、精雕细刻、精打细算、精良优质四方面组成，不仅仅是在技术上实现精益求精、在生产上实现精耕细作，还要在管理上实现精雕细刻、在效益上实现精打细算，这就是精细化管理所要求的，实现可实现、可控制、可操作一切。

不仅仅是受到季节交替和动态进水负荷冲击的影响，作为动态非线性系统的城镇污水生物处理系统还会受到内外回流比、污泥浓度以及溶解氧等方面的影响。城市污水处理厂所采用的 AAO 工艺为厌氧-缺氧-好氧运行模式，在工艺运行中相互影响且密切相关的是水质、流态及能耗三个方面，为实现能耗的降低以及工艺安全稳定运行就需要精细优化及综合调控，实现功能的提升。

基于精细化调控理念，确定精细化调控思路如下：

① 调整运行模式参数，根据季节、进水特征模拟、调控模式参数；

② 优化碳源利用,根据位置功能合理分配碳源;

③ 调控精细曝气模式,调控曝气转盘位置、数量、速度;

④ 控制分区溶氧,形成多级 A/O,提升 TN 去除;

⑤ 优化污泥回流,增加污泥浓度,提升污泥活性。

(2)技术创新点

针对污水处理厂脱氮效率低及运行能耗高的问题,不仅要将精细化调控理念"立足现有、调控提升、稳定达标、节能降耗"引入企业,同时精细化管理理念也应该在企业中应用。为实现精细化调控,及时进行运行参数、曝气模式以及碳源分配调控,确保污水处理厂出水稳定达标,节能减排。

2.1.4 氧化沟工艺污水厂功能提升调控技术

(1)技术特点与原理

针对氧化沟工艺污水处理厂功能提升调控,通过对氧化沟工艺的全氧化沟布点测试,氧化还原电位(ORP)和 DO 与 TN、氨氮和硝氮浓度关系分析,多参数相关统计规律分析,提出了多参数联动氧化沟同步硝化反硝化(SND)调控技术。基于氧化还原反应的电化学原理,研究 ORP 与 DO、氨氮、硝态氮的关联性,确定相关系数,反馈调控运行参数如回流比、曝气运行模式,根据不同季节的水温和进水流量,预置 ORP、DO 控制区间以及氧化沟出水氨氮、硝态氮的浓度范围,在线实时采集参数,利用 ORP 与 DO、ORP 与氧化沟出水氨氮、硝态氮的相关关系模型,判断系统实时运行状态和各参数与预置控制区间的差异,确定调控技术措施。实现调控系统最佳的 SND 效果,不仅需要根据氧化沟出水氨氮和硝态氮的变化,反馈和调整预置控制区间,也需要微调水力停留时间(HRT)、回流比等参数,同时还需要调控曝气设备的运行方式。

由于目前污水厂处理工艺中化学除磷剂投加量高,与生物协同处理存在矛盾。为减少化学除磷剂投加量,提高与生物协同处理效能,通过开发以硫酸亚铁为主体,辅以磷酸等添加剂,在常温常压条件下制备的新型多功能除磷混凝剂(PPFS,复合聚磷硫酸铁),进行生物/物化协同处理机理和效果分析以及生物/物化协同系统的影响因素分析,提出了基于 PPFS 的生物/物化协同处理技术,包括混凝剂最佳投加点和投加量、生物/物化协同处理最佳参数,实现了氧化沟工艺的功能提升。

(2)技术创新点

通过开发新型多功能除磷混凝剂(PPFS,复合聚磷硫酸铁),对生物/物化协同处理机理和效果分析以及生物/物化协同系统的影响因素进行分析,提出基于 PPFS 的生物/物化协同处理技术。

2.1.5 低碳源进水水质氧化沟处理工艺的升级改造工艺技术

(1)技术特点与原理

针对低碳源城镇污水处理,对氧化沟处理工艺进行升级改造,为实现回流污泥回流预缺氧池，需要在系统上增设通过重力浓缩作用实现浓缩的预浓缩池，也就是添加回流污泥预浓缩系统，在常规的厌氧＋氧化沟工艺基础上，实现上清液直接流入氧化沟的缺氧段。研究厌氧＋氧化沟工艺脱氮除磷性能，主要包括对回流污泥预浓缩系统和内置缺氧区的研究。厌氧区碳源的有效利用以及预缺氧池中硝酸盐的内源去除率的提高等都可以通过回流污泥预浓缩实现，这样不仅可以使系统的除磷能力得到提高，同时可以对厌氧环境进行保护，系统的除磷能力就可以由在内置缺氧区有效利用氧化沟内碳源实现。新型氧化沟中试工艺流程如图 2-1 所示。

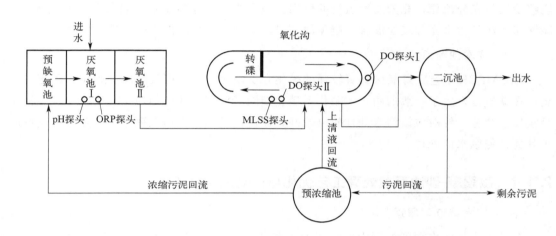

图 2-1　新型氧化沟中试工艺流程

MLSS—混合液悬浮固体

（2）技术创新点

该技术不仅可以强化厌氧区碳源的有效利用，还可提高硝酸盐在预缺氧池中的内源去除率，提高除磷能力，保护环境。主要的作用机理是在将回流污泥预浓缩系统添加到常规的"厌氧＋氧化沟"工艺的基础上，通过重力浓缩的预浓缩池使得回流污泥浓缩后进入预缺氧池，同时浓缩后的上清液流入氧化沟的缺氧段。

2.1.6　基于 CMAS 工艺的 AA-MBBR 提标改造技术

（1）技术特点与原理

针对传统活性污泥法提标改造，将原普通活性污泥法通过投加生物悬浮填料，改造成为 AA-MBBR 复合生物处理工艺，增加系统脱氮除磷功能，该系统内生物量大，一般为普通活性污泥法污泥浓度的 2～3 倍，曝气池污泥浓度可达到 9500～12000mg/L，其生物池可采用各种池型，且不影响工艺的处理效果，其投加的填料与填充比可灵活调整，通过 DO 等条件控制在一个系统内可实现同时硝化、反硝化和除碳。

具体工艺流程为进水池的污水首先进入填充有悬浮填料的缺氧流动床生物膜（MBBR）池，能够防止污泥流失，缓解污泥膨胀，同时能够让微生物生长在填料表面，不易被水带走，而且缺氧 MBBR 池内安装搅拌装置，可对产生的气泡进行连续碰撞，同时在搅拌的状态下使填料与污水呈完全混合状态，大大提高处理效果和效率。同时该污水处理系统具有主反应池，将主反应池设计成内外圈分别为厌氧池、好氧 MBBR 池的结构，能够减少构筑物的占地，节省投资，经缺氧 MBBR 池处理后的污水依次经过厌氧池、好氧 MBBR 池，然后经二沉池沉降，再将沉降的污泥回流至厌氧池，以对厌氧池流失的污泥进行补充，同时回流有利于微生物吸附和吸收大量有机物，提高污水处理效果。该污水处理系统的好氧 MBBR 池内填充有悬浮填料，能够提高处理效果，考虑到好氧 MBBR 池投加填料后，填料易浮在水面上，因此，在好氧 MBBR 池的池底安装了曝气装置，这样就能够使填料充分流化，充分发挥填料的作用。该污水处理系统的厌氧池设置有搅拌装置，能够使污泥与污水充分接触混合，避免池内料液的分层，从而提高厌氧硝化效率。

（2）技术创新点

AA-MBBR 工艺在好氧区有着较强的硝化和反硝化能力，可实现同步硝化反硝化、除碳，在缺氧区发生了一般的两段式硝化反硝化和同步反硝化除磷的现象。系统通过多种途径实现了脱氮。针对城镇污水处理效果较好，通过调整填料和填充率等工艺参数，还可用于其他含氮废水的处理。

2.1.7 微絮凝-砂滤深度处理工艺优化与自动加药系统

（1）技术特点与原理

在城市生活污水深度处理中，常用的工艺之一就是微絮凝-砂滤，对于水质、水量波动大的进水（污水处理厂二级出水），以及在达到一级 A 出水水质的条件下，很难实现稳定达标的出水；同时不精确性和滞后性等问题存在于人工加药方式中，自动控制在系统运行过程中无法实现。面对以上问题，建立优化的絮凝剂自动投加控制系统，从而保障出水稳定达标，同时降低运行成本。该系统的核心是药剂加药量与水质水量的响应关系，通过该系统可以有效控制加药量，根据来水水质、水量的变化，及时调整微絮凝-砂滤工艺的加药量，在去除污染物，保证污水处理效果的同时，减少药剂使用量，实现环境效益和经济效益。

根据絮凝原理，絮凝过程中所需药剂加药量可按式（2-1）计算：

$$Q_{PAC} = \frac{KQL \times (P-0.5)a(S-10)b}{\lambda N} \tag{2-1}$$

式中 Q_{PAC}——计算的液态 PAC 投药量，m^3/h；

      K——修正系数，0.5～1.5；

      S——在线监测 SS（悬浮物）浓度，mg/L；

      L——该范围内固体药耗，g/m^3；

      Q——出水流量，m^3/h；

      P——在线监测 TP 浓度，mg/L；

      a——修正指数，0.8～1.2；

      b——修正指数，0～0.2；

      λ——药液相对密度，在 5% 内可为 1；

N——药液百分比，0～100％。

（2）技术创新点

与同类技术相比，为保证水质稳定，建立了随水量、水质实时变化的自动加药量，实现絮凝剂投加量的最小化；加药系统采用电脑程序控制，保证了装置运行的稳定性；不仅可以在新建污水处理厂工艺改造中应用，同时可以无需改动原有工艺结构基础在已建污水处理厂中使用，具有较为广泛的适用性；出水水质的稳定性明显提高，不会受进水水质、水量的干扰，不仅提高了产水率，同时滤料的使用寿命以及滤池的反冲洗周期明显延长，实现了较好的经济效益。

2.1.8　基于高效功能性悬浮生物载体的应用技术

（1）技术特点与原理

针对城市污水深度处理与中、低浓度工业污水处理的需求，研究基于高效功能性悬浮生物载体的应用技术、反应器的池型与结构设计，优化技术运行策略。形成面向不同污水类型、不同处理目标，适于新建或改造的基于高效功能性悬浮生物载体的污水处理厂升级改造技术。

通过在固定生物膜活性污泥（MBBR/IFAS）主体工艺中投加高效功能性悬浮生物载体，实现基于高效功能性悬浮生物载体的新型生物处理工艺。

（2）技术创新点

在高效功能性悬浮生物载体制备的基础上，发展基于高效功能性悬浮生物载体的多级生物处理工艺、基于高效功能性悬浮生物载体的序批式生物处理工艺和分流式活性污泥组合工艺等，提出反应器设计和工艺参数确定原则，为工程应用提供技术支撑。

相比于传统移动床生物膜反应工艺，基于高效功能性悬浮生物载体的污水处理厂升级改造技术，有机容积负荷可达到 $4～8kg\ COD/(m^3 \cdot d)$，COD 去除率可达到 90％以上。能够很好地应用于苯酚、印染、低 C/N 等工业污水和城市生活污水的高效稳定处理之中。在低碳源污水的深度处理方面，基于高效功能性悬浮生物载体的新型生物处理工艺的氨氮去除率超过 90％，TN 去除率达到 83％。反硝化聚磷菌（DPB）在 30d 内总聚磷菌的占比从 15.7％增长到 71.3％，同时，获得了高效的反硝化和脱磷效果，出水氮、磷等污染物浓度可以达到国家城市污水一级排放标准。

2.1.9　絮凝旋流沉淀尾水深度处理技术

（1）技术特点与原理

针对城市污水处理厂尾水中的有限碳源用于生物降解极限深度脱氮后，再难满足生物除磷的问题，提出利用絮凝强化磷结晶沉淀，打破碳源不足对生物除磷的限制，对絮凝磷结晶体进行旋流场分离强化去除。通过无机环境凝结剂促进磷晶体沉淀物的快速形成和生长；调节旋风分离器进出口之间的压差，优化流场分布，加强晶体离心；通过流动模拟优化旋风分离器的流场条件，强化离心分磷结晶体效能；调控压力差及流量分配等几方面的研究，实现生化出水中磷的深度去除。

工艺流程为"尾水—混凝池—投加池—反应池—沉淀池—出水"。具体如下：尾水首先进入混凝池，通过投加混凝剂，使原水胶体物质脱稳；然后进入投加池，将钢渣投加到投加池中，快速搅拌使絮体和钢渣充分接触；随后进入反应池，慢速搅拌使钢渣细砂絮体逐渐增大熟化；最后污水进入沉淀池，沉淀后出水经溢流堰流出，钢渣细砂絮体经回流泵回流至水力旋流器进行分离。

沉淀效果的提高是基于钢渣的加速沉淀，经过絮凝后，水进入沉淀池底部，然后上向流至集水区，沉淀的颗粒和絮体在重力作用下快速沉降到沉淀池底部，处理后的污水从沉淀池顶部排出。沉淀池污泥经回流泵抽至旋流器进行旋流分离，回收利用。

（2）技术创新点

结合钢渣密度较大且具有物理吸附除磷和化学沉淀除磷的特性，将钢渣利用于污水的深度除磷工艺，具有以废治废的优势，提高 TP 去除率的同时可降低药剂的投加量，降低污泥产量。药剂投加量降低 20%～30%，污泥产量降低 20%～30%，出水 TP 可稳定达到 <0.5mg/L，TP 去除率最高可达 82.8%。

2.1.10 添加水生植物生物质炭-发酵液的人工湿地强化净化技术

（1）技术特点与原理

具有运行维护成本低、处理效果好等优势的人工湿地在进行污水处理厂尾水深度净化时是最常采用的技术，但是脱氮效果会受到污水处理厂尾水中碳源的影响，存在着脱氮碳源不足、所需处理面积大和水力停留时间长等问题。

以湿地植物为原料生产的改性生物炭作为垂直流人工湿地的填料，可以作为吸附剂快速吸附去除有机物、重金属离子、氮磷等污染物。同时，金属改性后的生物炭表面更为粗糙、孔隙增多、疏水性得到改善，pH 值更接近中性甚至可能带有正电荷，有利于改性生物炭作为细菌附着生长的载体。负载铁改性活性炭游离出的少量铁离子对生物反应有促进作用，改性生物炭可以提高脱氮除磷菌的生物量和活性。采用改性生物炭作为潜流人工湿地填料能够起到缩减人工湿地占地面积和水力停留时间、提高氮磷去除能力的作用。

针对人工湿地脱氮碳源不足的问题，实际应用时往往需要添加甲醇、乙酸、糖类等碳源，提高了人工湿地脱氮运行成本。采用湿地植物的厌氧发酵液进行脱氮碳源的补充，创造反硝化作用最适的 C/N，通过低温反硝化菌群的筛选和添加，强化低温下脱氮反应的活性。通过改性水生植物生物质炭-发酵液补碳人工湿地强化净化技术，实现人工湿地对低污染水中氮磷去除效率的提高。

具体的工艺流程主要为三步：潜流人工湿地填充、确定水生植物发酵液的添加量和对人工湿地进水进行调试运行。

① 潜流人工湿地填充，将铁镁改性生物质炭按 10%～20% 的比例与石子进行混合后填充至人工湿地中。

② 分析人工湿地进水中的 C/N，根据水生植物厌氧发酵液的 COD 和 TN 确定水生植物发酵液的添加量，将人工湿地进水的 C/N 调整至 8:1～16:1。

③ 对人工湿地进水进行调试运行，在初期调试阶段通过泵调节进水速率控制水力停留时间直至稳定运行，达到设计处理效果。

（2）技术创新点

添加水生植物生物质炭-发酵液的人工湿地强化净化技术首次将改性生物质炭应用于人工湿地中，采用镁改性的生物质炭可以实现对水体中氮磷的快速去除，而铁改性的生物质炭则可以促进负载脱氮微生物的活性，提高脱氮效率。针对低污染水中碳源缺乏导致脱氮效率差和冬季脱氮微生物活性低的问题，通过湿地植物的厌氧发酵液进行脱氮碳源的补充，创造反硝化作用最适的 C/N，实现人工湿地对低污染水氮磷的强化净化。

2.2
一级 A 尾水深度处理研究

2.2.1　人工湿地处理一级 A 尾水效果研究

近些年来，虽然利用人工湿地深度处理尾水的试验研究有很多，但是一级 A 尾水经过人工湿地深度处理是否能够达到或在什么情况下的水力负荷下能够达到地表Ⅲ、Ⅳ类水水质要求还有待进一步的探究，同时传统湿地中的砾石基质对氮、磷的吸附去除作用不明显的问题也是研究热点。因而试验构建天然沸石、钢渣为基质材料的改良人工潜流湿地，并对照传统砾石，探究改良后的人工湿地对一级 A 尾水的处理效果，并且研究了水力负荷对处理效果的影响。

考虑到北方的气候原因，植物生长时间较短，对人工湿地去除效果的提升时间有限，所以此次关于人工湿地对一级 A 尾水深度处理效果探究的试验，主要是研究湿地填料基质以及微生物作用对一级 A 尾水的深度处理效果。

（1）传统湿地中水力负荷对处理效果的影响

本部分试验是选取砾石作为湿地的填料基质，即探究传统的人工湿地对一级 A 尾水的深度处理效果，并且通过调节进水流量将水力负荷调整至 $0.5m^3/(m^2 \cdot d)$、$0.4m^3/(m^2 \cdot d)$、$0.3m^3/(m^2 \cdot d)$ 和 $0.2m^3/(m^2 \cdot d)$，比较各水力负荷下湿地系统对尾水中 COD、TP、NH_4^+-N、TN 的处理效果。选取较低的水力负荷来运行，主要是由于以往的研究中水力负荷都较大，且传统的人工湿地出水效果几乎无法达到地表Ⅲ、Ⅳ类水水质的要求。所以本部分试验的主要目的是探究不同的水力负荷条件下传统人工湿地能否将一级 A 尾水处理至地表Ⅲ、Ⅳ类水水质的要求，并在能够达到处理效果要求的基础上选取最优水力负荷。

湿地装置初始运行时，首先选取运行的水力负荷为 $0.5m^3/(m^2 \cdot d)$，然后依次运行水力负荷 $0.4m^3/(m^2 \cdot d)$、$0.3m^3/(m^2 \cdot d)$ 和 $0.2m^3/(m^2 \cdot d)$。3 月下旬，$0.5m^3/(m^2 \cdot d)$ 水力负荷下的湿地系统运行稳定后，开始测数。每两天对出水进行一次取水测样，共 5 次取平均值。通过监测 COD、TP、NH_4^+-N、TN 的出水水质，得出传统人工湿地对一级 A 尾水深度处理的效果。

以砾石为基质的湿地主要是依靠基质的截留和滤除作用，以及微生物的代谢作用来去除尾水中的污染物，具体处理效果见如下分析。

① 水力负荷对 COD 处理效果的影响。以砾石为基质的传统人工湿地，对 COD 的去除主要是源于砾石的吸附、截留作用和系统中微生物的分解、生长代谢作用。不同水力负荷对 COD 的降解效果如图 2-2 所示。

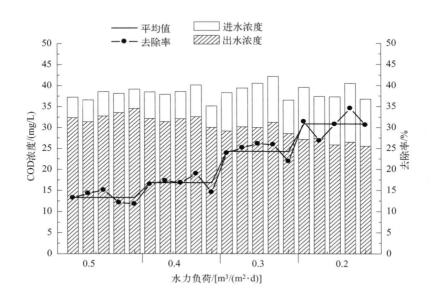

图 2-2　不同水力负荷对 COD 的降解效果

从图 2-2 中可以看出，在水力负荷为 0.5m³/(m²·d) 时，COD 进水的平均浓度为 37.92mg/L，COD 出水平均浓度为 32.89mg/L，平均去除率为 13.27%；在水力负荷为 0.4m³/(m²·d) 时，COD 进水平均浓度为 38.02mg/L，COD 出水平均浓度为 31.61mg/L，平均去除率为 16.78%；在水力负荷为 0.3m³/(m²·d) 时，COD 进水平均浓度为 39.36mg/L，COD 出水平均浓度为 29.79mg/L，平均去除率为 24.24%；在水力负荷为 0.2m³/(m²·d) 时，进水 COD 浓度为 38.31mg/L，出水 COD 浓度为 26.47mg/L，平均去除率为 30.83%。从去除率平均值的梯度来看，水力负荷对人工湿地处理 COD 的效果有一定影响，但平均去除率差值不是很大。对 COD 的去除率随着水力负荷的减小逐渐增大，是因为随着水力负荷的减小，尾水在湿地系统中的停留时间增长，无论是湿地基质的吸附截留作用还是微生物的代谢繁殖作用都可以得到更好的发挥。

对比地表水环境质量标准，只有在水力负荷为 0.2m³/(m²·d) 时，出水水质中 COD 浓度能够全部达到地表Ⅳ类水水质标准。水力负荷为 0.3m³/(m²·d) 时，出水 COD 浓度在 30mg/L 上下波动，在其余的水力负荷下，人工湿地无法将一级 A 尾水中 COD 这一污染指标处理至地表Ⅳ类水水质标准。

② 水力负荷对 TP 处理效果的影响。以砾石为基质的传统人工湿地，对 TP 的去除主要是源于砾石的吸附、沉淀作用。而微生物几乎对 TP 的去除不发挥作用。不同水力负荷

对 TP 的降解效果如图 2-3 所示。

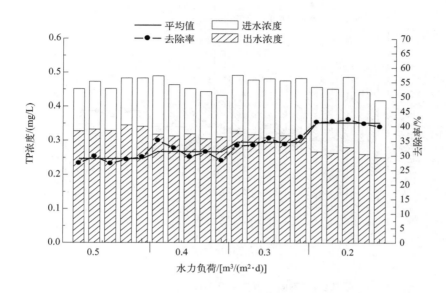

图 2-3　不同水力负荷对 TP 的降解效果

从图 2-3 中，可以看出在水力负荷为 $0.5m^3/(m^2 \cdot d)$ 时，TP 进水平均浓度为 0.468mg/L，TP 出水平均浓度为 0.335mg/L，对 TP 平均去除率为 28.42%；在水力负荷为 $0.4m^3/(m^2 \cdot d)$ 时，TP 进水平均浓度为 0.456mg/L，TP 出水平均浓度为 0.313mg/L，对 TP 平均去除率为 31.22%；在水力负荷为 $0.3m^3/(m^2 \cdot d)$ 时，TP 进水平均浓度为 0.482mg/L，TP 出水平均浓度为 0.316mg/L，对 TP 平均去除率为 34.55%；在水力负荷为 $0.2m^3/(m^2 \cdot d)$ 时，TP 进水平均浓度为 0.452mg/L，TP 出水平均浓度为 0.265mg/L，对 TP 平均去除率为 41.19%。从去除率平均值的梯度来看，随着水力负荷的减小，去除率增大。这是由于湿地系统对 TP 的去除几乎全部依靠基质的吸附沉淀作用，而新的基质吸附机能很好，还远远没有达到饱和的状态，所以在 $0.5m^3/(m^2 \cdot d)$ 和 $0.2m^3/(m^2 \cdot d)$ 水力负荷条件下，基质的吸附状态几乎没有差距，所以水力负荷越小，尾水在湿地中停留时间越长，去除效果越好。

对比地表水环境质量标准，出水水质中 TP 浓度只有在水力负荷为 $0.2m^3/(m^2 \cdot d)$ 时小于 0.3mg/L，能够全部达到地表Ⅳ类水水质标准，在其余的水力负荷下，人工湿地无法将一级 A 尾水中 TP 这一污染指标处理至地表Ⅳ类水水质标准。

③ 水力负荷对 NH_4^+-N 处理效果的影响。NH_4^+-N 去除主要有 3 种方式，分别为氨的吹脱去除、填料基质的吸附过滤截留作用和生物脱氮的硝化反应。第 1 种方式是氨的吹脱去除，即水体流动促使氨从水中逸出，但由于水流运动幅度较小，去除效果有限；第 2 种方式是填料基质的吸附过滤截留作用，但砾石对 NH_4^+-N 的吸附效果一般，去除效果也有限；所以第 3 种方式生物脱氮的硝化反应，即在硝化菌与氧气的作用下转化为亚硝态氮和硝态氮，是湿地系统去除 NH_4^+-N 的主要途径。不同水力负荷对 NH_4^+-N 的降解效果如图 2-4 所示。

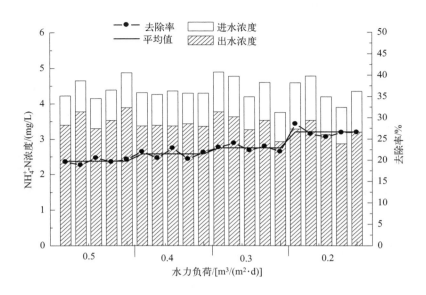

图 2-4   不同水力负荷对 NH_4^+-N 的降解效果

从图 2-4 中可以看出，在水力负荷为 $0.5m^3/(m^2 \cdot d)$ 时，NH_4^+-N 进水平均浓度为 4.454mg/L，NH_4^+-N 出水平均浓度为 3.576mg/L，对 NH_4^+-N 平均去除率为 19.74%；在水力负荷为 $0.4m^3/(m^2 \cdot d)$ 时，NH_4^+-N 进水平均浓度为 4.304mg/L，NH_4^+-N 出水平均浓度为 3.380mg/L，对 NH_4^+-N 平均去除率为 21.46%；在水力负荷为 $0.3m^3/(m^2 \cdot d)$ 时，NH_4^+-N 进水平均浓度为 4.438mg/L，NH_4^+-N 出水平均浓度为 3.418mg/L，对 NH_4^+-N 平均去除率为 22.92%；在水力负荷为 $0.2m^3/(m^2 \cdot d)$ 时，NH_4^+-N 进水平均浓度为 4.359mg/L，NH_4^+-N 出水平均浓度为 3.197mg/L，对 NH_4^+-N 平均去除率为 26.64%。去除率随着水力负荷的减小而增大，从去除率平均值的梯度来看，虽然有所上升但幅度很小。这是因为随着水力负荷的减小，水力停留时间升高，硝化反应的时间增加，对 NH_4^+-N 的去除效果提升。

对比地表水环境质量标准，即使是在极低的水力负荷 $0.2m^3/(m^2 \cdot d)$ 条件下，出水水质中 NH_4^+-N 浓度始终大于 2mg/L，无法达到地表 V 类水水质标准，若想通过传统砾石基质的人工湿地来降低一级 A 尾水中 NH_4^+-N 的浓度至地表 Ⅲ、Ⅳ 类水水质要求，存在很大的困难。

④ 水力负荷对 TN 处理效果的影响。以砾石为填料基质的人工湿地，对氮的去除主要是依靠湿地系统中微生物的硝化与反硝化反应相结合，进而转化成氮气排出，最终达到去除氮的效果，不同水力负荷对 TN 的降解效果如图 2-5 所示。

从图 2-5 中可以看出，在水力负荷为 $0.5m^3/(m^2 \cdot d)$ 时，TN 进水平均浓度为 14.87mg/L，TN 出水平均浓度为 13.02mg/L，对 TN 平均去除率为 12.39%；在水力负荷为 $0.4m^3/(m^2 \cdot d)$ 时，TN 进水平均浓度为 14.24mg/L，TN 出水平均浓度为 11.77mg/L，对 TN 平均去除率为 17.31%；在水力负荷为 $0.3m^3/(m^2 \cdot d)$ 时，TN 进

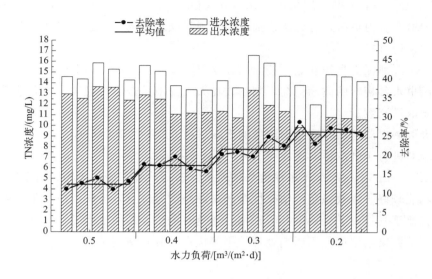

图 2-5　不同水力负荷对 TN 的降解效果

水平均浓度为 15.00mg/L，TN 出水平均浓度为 11.75mg/L，对 TN 平均去除率为 21.63%；在水力负荷为 0.2m³/(m²·d) 时，TN 进水平均浓度为 13.91mg/L，TN 出水平均浓度为 10.25mg/L，对 TN 平均去除率为 26.22%。平均去除率随着水力负荷的减小而增大，但增大的幅度不大，且对 TN 的去除效果很一般。这是因为随着水力负荷的减小，水力停留时间增大，微生物的作用效果会有所增强，呈现去除率升高的趋势，但是由于水中可被微生物利用的碳源含量有限，所以传统砾石湿地系统对 TN 的去除效果很一般。

对比地表水环境质量标准，即使水力负荷低至 0.2m³/(m²·d)，出水水质中 TN 浓度也始终大于 2mg/L，无法达到地表 Ⅴ 类水水质标准，所以几乎很难通过传统砾石基质的人工湿地来降低一级 A 尾水中 TN 的浓度至地表 Ⅲ、Ⅳ 类水水质要求。

（2）改良人工湿地的处理效果

基于对以砾石为填料基质的传统人工湿地的研究发现，即便是在水力负荷为 0.2m³/(m²·d) 条件下运行，将一级 A 尾水深度处理后，仍然达不到地表 Ⅲ、Ⅳ 类水水质的要求。但是大量的人工湿地相关资料显示湿地基质对污染物的去除程度存在差异，例如钢渣、煤渣和陶粒等对磷有很强的吸附效果，沸石、红泥等对 NH_4^+-N 有很强的吸附效果。以沸石填料基质的人工湿地与传统砾石人工湿地做对比，研究发现沸石人工湿地对氮的去除效果明显优于砾石基质，但是对磷的去除不及传统砾石人工湿地，存在一种填料基质无法满足同时对氮、磷都有很好去除效果的问题。所以在改良人工湿地处理一级 A 尾水的试验研究中，选取沸石和钢渣两种填料基质，既能通过沸石对氮进行吸附，又能利用钢渣对磷进行吸附，使二者协同作用，尽可能地将一级 A 尾水处理至地表 Ⅲ、Ⅳ 类水水质的要求。

试验以将一级 A 尾水处理至地表 Ⅲ、Ⅳ 类水水质为目的，在试验初期选取运行的水

力负荷为 $0.5m^3/(m^2 \cdot d)$，测量出水水样中 COD、TP、NH_4^+-N、TN 指标值，若能达到目的，则增大水力负荷，若无法达到目的，则降低水力负荷，最终找到一个能够作为临界参照点的运行方式。

改良人工湿地在 5 月初开始运行，将水力负荷调至 $0.5m^3/(m^2 \cdot d)$，通过监测沸石段和钢渣段出水各指标的波动情况，判断改良人工湿地是否运行稳定。在湿地系统运行稳定后，开始取样测数。

每两天取一次湿地沸石段和钢渣段的出水进行 COD、TP、NH_4^+-N、TN 四大指标的监测，试验共进行 10d 取样 5 次。

① 沸石＋钢渣对一级 A 尾水深度处理效果。沸石是硅铝酸盐矿物，由于其吸附功能、离子交换功能较好，以及稳定的物化性质和来源广泛等优点，被广泛应用于水处理技术当中。沸石相比于其他离子交换剂和吸附剂，还具有廉价、粒径范围宽、选择性高、运行维护方便易行、污染物浓度低不影响处理效果等优点，并且使用沸石不会使水的化学性质产生变化。

沸石对有机污染物的去除主要是利用其吸附功能，但是对腐殖酸物质、染色剂以及人工合成难降解有机物的去除，主要是靠离子交换实现的，并且极性小分子有机物更容易被吸附。沸石对 NH_4^+-N 有较好的吸附效果，主要是利用沸石的离子交换功能直接对水中的氨氮进行吸附。而沸石对 NH_4^+-N 的吸附容量以及吸附速率取决于沸石的类型、接触时间、NH_4^+-N 初始浓度、温度、沸石量、沸石粒径和其他竞争离子的存在。

在水力负荷为 $0.5m^3/(m^2 \cdot d)$ 的条件下，沸石段人工湿地对尾水深度处理效果如图 2-6 所示。

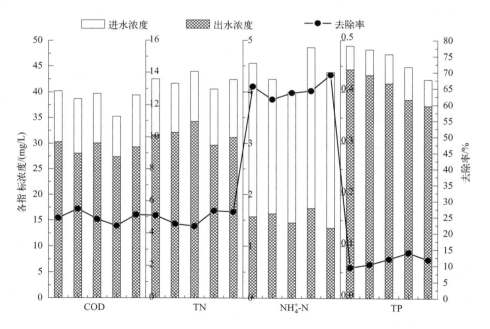

图 2-6　沸石段人工湿地对尾水深度处理效果

从图 2-6 中可以看出，COD 进水平均浓度为 38.63mg/L，出水平均浓度为 29.00mg/L，去除率为 24.87%；TN 的进水平均浓度为 13.49mg/L，出水浓度为 10.15mg/L，去除率为 24.77%；NH_4^+-N 进水平均浓度为 4.401mg/L，出水浓度为 1.550mg/L，去除率为 64.87%；TP 进水平均浓度为 0.446mg/L，出水浓度为 0.394mg/L，去除率仅为 11.73%。

从图 2-6 中去除率折线可以看出，沸石作为人工湿地的填料基质对 NH_4^+-N 的去除能力明显高于对其他几种物质，平均去除率能够达到 60% 以上，在同等条件下相较于传统砾石人工湿地，能够提升 40%。对 COD、TN 的去除效果略高于传统砾石人工湿地，对 TP 的去除效果仅有 11.73%，反而不及砾石基质的吸附沉淀效果。

钢渣是炼钢过程中排出的熔渣，经缓慢冷却后形成的深灰色或灰褐色的块状物，其含有的主要化学成分有 CaO、Al_2O_3、SiO_2、FeO、MgO、Fe_2O_3 和 MnO 等。应用在水处理技术中，能够作为吸附剂、滤料和絮凝剂使用，吸附作用主要是通过其内部的金属离子，除磷效果好，且去除率高达 90% 以上。作为滤料，由于其多孔、比表面积大等特点对色度和 SS 有很好的去除效果，龚阳树以钢渣作为滤料，对废水进行了过滤处理，研究表明钢渣对废水中 COD 的去除效果极好，去除率高达 90% 以上；与其他材料混合作絮凝剂，对污水也有良好的处理效果。

试验选取的钢渣为上海某磨料厂的钢渣，其主要化学成分为 SiO_2：11.66%；Fe_2O_3：13.77%；Al_2O_3：3.56%；CaO：37.50%；MgO：5.1%；FeO：25.38%；S：0.1%；P：0.56%；mFe：0.52%。粒径在 1~2cm。在人工湿地中作为填料基质，对污染物质的去除主要起到吸附剂和滤料的作用。由于改良人工湿地装置是沸石和钢渣串联组成的，所以钢渣段的进水浓度即沸石段的出水水质浓度。钢渣段人工湿地对尾水的处理效果如图 2-7 所示。

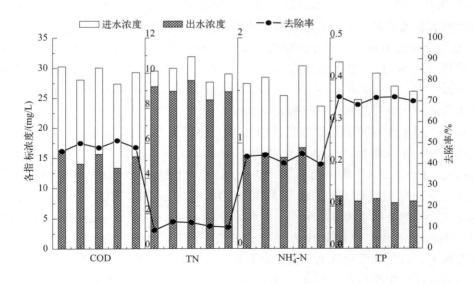

图 2-7　钢渣段人工湿地对尾水的处理效果

从图 2-7 中可以看出，COD 出水平均浓度为 14.93mg/L，去除率为 48.59%；TN 的出水平均浓度为 9.04mg/L，去除率为 10.96%；NH_4^+-N 出水平均浓度为 0.884mg/L，去除率为 42.67%；TP 出水平均浓度为 0.115mg/L，去除率为 70.77%。从图 2-7 中去除率折线可以看出，钢渣虽然对 COD、NH_4^+-N 的去除率都能够达到 40% 以上，对 TN 的去除率很低，可能是由于钢渣对含氮物质没有特殊的吸附能力，同时微生物的作用效果又不明显，所以降低的含氮污染物几乎大部分是源于 NH_4^+-N 含量的降低。但是钢渣对 TP 的特殊去除能力表现得很明显，去除率为 70.77%，明显高于其他几种物质。

综上所述，以沸石和钢渣为填料基质串联的改良人工湿地对一级 A 尾水的处理效果显著，COD 进水的平均浓度为 38.63mg/L，出水的平均浓度为 14.93mg/L，去除率为 61.35%；TP 进水的平均浓度为 0.446mg/L，出水的平均浓度为 0.115mg/L，去除率为 74.22%；NH_4^+-N 进水的平均浓度为 4.401mg/L，出水的平均浓度为 0.884mg/L，去除率为 79.91%；TN 进水的平均浓度为 13.49mg/L，出水的平均浓度为 9.04mg/L，去除率为 32.99%。从去除率来看，在同等条件下，改良人工湿地的去除效果优于传统砾石人工湿地，这种高去除率主要是因为沸石和钢渣对氮和磷的特殊吸附效果，以及二者较好的吸附能力；同时，沸石与钢渣两个规格一样的人工湿地的串联运行，也延长了尾水在整个装置中的停留时间，为微生物去除污染物提供了足够的时间。

对比地表水环境质量标准，改良人工湿地最终的出水水质中 TN 平均浓度为 9.04mg/L，无法达到地表 V 类水水质标准，COD、TP 和 NH_4^+-N 都能够满足地表 III 类水水质要求。在传统人工湿地水力负荷对处理效果影响的分析中，得出降低水力负荷，会提升湿地系统的整体去污能力的结论，所以下一步的试验主要是研究在 0.4m^3/(m^2·d)、0.3m^3/(m^2·d) 和 0.2m^3/(m^2·d) 水力负荷下，是否能够使出水 COD、TP、NH_4^+-N 和 TN 全部达到地表 III 或 IV 类水水质标准，最终达到预期出水效果。

② 水力负荷的影响。本部分试验的主要目的是下调水力负荷，使改良人工湿地的出水能够达到地表 III 或 IV 类水水质标准。试验在 5 月下旬进行，分别将水力负荷调成 0.4m^3/(m^2·d)、0.3m^3/(m^2·d) 和 0.2m^3/(m^2·d)，在不同的水力负荷下运行稳定后，每两天取一次最终的水样进行测量，共取 5 次。

改良人工湿地在不同水力负荷下对 COD 的处理效果如图 2-8 所示。

从图 2-8 中可以看出，在水力负荷为 0.4m^3/(m^2·d) 时，COD 进水平均浓度为 38.64mg/L，COD 出水平均浓度为 13.56mg/L，平均去除率为 64.89%；在水力负荷为 0.3m^3/(m^2·d) 时，COD 进水平均浓度为 38.55mg/L，COD 出水平均浓度为 11.90mg/L，平均去除率为 69.10%；在水力负荷为 0.2m^3/(m^2·d) 时，进水 COD 浓度为 38.42mg/L，出水 COD 浓度为 9.612mg/L，平均去除率为 75%。虽然 COD 的出水浓度随着水力负荷的降低而降低，去除率升高，但是变化不大，且对于将出水对标至地表 III 类水水质标准的实验目的，在运行水力负荷为 0.5m^3/(m^2·d) 时，COD 的出水浓度就能够达到要求。所以降低水力负荷对改良人工湿地去除 COD 意义不大。

改良人工湿地在不同水力负荷下对 TP 的处理效果如图 2-9 所示。

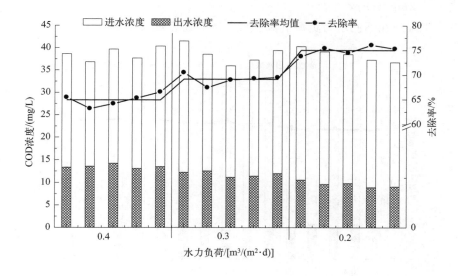

图 2-8　改良人工湿地在不同水力负荷下对 COD 的处理效果

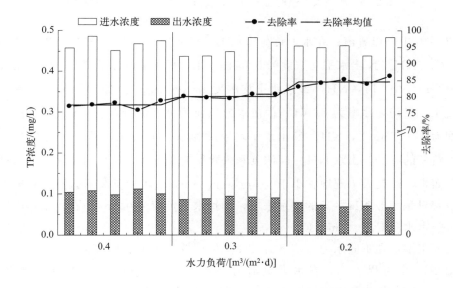

图 2-9　改良人工湿地在不同水力负荷下对 TP 的处理效果

从图 2-9 中可以看出，在水力负荷为 0.4m³/(m²·d) 时，TP 进水平均浓度为 0.468mg/L，TP 出水平均浓度为 0.104mg/L，平均去除率为 77.68%；在水力负荷为 0.3m³/(m²·d) 时，TP 进水平均浓度为 0.456mg/L，TP 出水平均浓度为 0.090mg/L，平均去除率为 80.23%；在水力负荷为 0.2m³/(m²·d) 时，TP 进水平均浓度为 0.462mg/L，TP 出水平均浓度为 0.071mg/L，平均去除率为 84.64%。随着水力负荷的降低，出水 TP 浓度略有降低，去除率略有上升，但是幅度不大。所以若是只考虑 TP 的出水浓度，不必降低水力负荷，保持原来的 0.5m³/(m²·d) 水力负荷运行就能满足小于地表Ⅲ类水 0.2mg/L 的要求。

改良人工湿地在不同水力负荷下对 NH_4^+-N 的处理效果如图 2-10 所示。

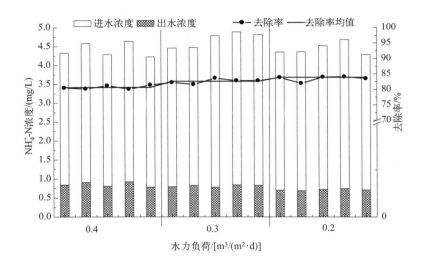

图 2-10　改良人工湿地在不同水力负荷下对 NH_4^+-N 的处理效果

从图 2-10 中可以看出，在水力负荷为 0.4m³/(m²·d) 时，NH_4^+-N 进水平均浓度为 4.413mg/L，NH_4^+-N 出水平均浓度为 0.854mg/L，平均去除率为 80.66%；在水力负荷为 0.3m³/(m²·d) 时，NH_4^+-N 进水平均浓度为 4.682mg/L，NH_4^+-N 出水平均浓度为 0.813mg/L，平均去除率为 82.61%；在水力负荷为 0.2m³/(m²·d) 时，NH_4^+-N 进水平均浓度为 4.441mg/L，NH_4^+-N 出水平均浓度为 0.714mg/L，平均去除率为 83.91%。随着水力负荷的降低，出水 NH_4^+-N 浓度和去除率变化不大，所以对于污染物 NH_4^+-N 的去除效果而言，改良人工湿地在小于 0.5m³/(m²·d) 的水力负荷下运行，对出水效果影响不大。若只是考虑 NH_4^+-N 的出水浓度，选择水力负荷为 0.5m³/(m²·d) 运行即可满足地表Ⅲ类水水质要求（1mg/L）。

改良人工湿地在不同水力负荷下对 TN 的处理效果如图 2-11 所示。

从图 2-11 中可以看出，在水力负荷为 0.4m³/(m²·d) 时，TN 进水平均浓度为 13.64mg/L，TN 出水平均浓度为 8.798mg/L，平均去除率为 35.46%；在水力负荷为 0.3m³/(m²·d) 时，TN 进水平均浓度为 13.54mg/L，TN 出水平均浓度为 8.198mg/L，平均去除率为 39.43%；在水力负荷为 0.2m³/(m²·d) 时，TN 进水平均浓度为 13.37mg/L，TN 出水平均浓度为 7.825mg/L，平均去除率为 41.46%。从图 2-11 中去除率的曲线来看，在每个水力负荷下，去除率起伏不定，整体的平均去除率随着水力负荷的降低而升高，但是升高幅度不大。从图 2-11 TN 进出水浓度中可以看出，出水 TN 浓度会随着水力负荷的下降而降低，但是也很难达到地表Ⅴ类水水质 2.0mg/L 的要求。出水 TN 的浓度始终很难达到预期效果，可能主要是因为利用人工湿地中微生物的代谢合成等作用降低含氮污染物，存在碳源含量不足、碳氮比远小于 5 的问题，所以即便是继续降低

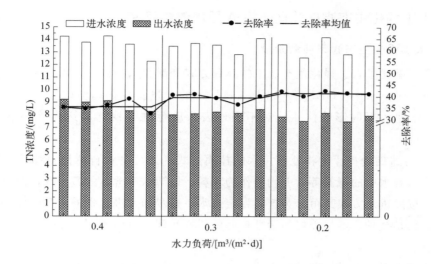

图 2-11　改良人工湿地在不同水力负荷下对 TN 的处理效果

水力负荷，出水 TN 的浓度可能会有所降低。但是在幅度不会太大，无法满足地表 V 类水水质的要求。但是在低水力负荷下，TN 浓度在 10mg/L 以下，能够满足地表准 Ⅳ 类水水质标准。

综上所述，随着改良人工湿地水力负荷的降低，尾水中 COD、TP、NH_4^+-N 污染物含量能够降至地表 Ⅲ、Ⅳ 类水水质的要求，而 TN 污染物含量始终无法降低至 2.0mg/L，无法达到地表 V 类水水质的要求。

（3）小结

本书主要研究人工湿地对一级 A 尾水深度处理的效果，主要包括以普通砾石为填料基质的传统人工湿地中水力负荷对处理效果影响的研究，以及以沸石和钢渣为填料基质串联的改良人工湿地对一级 A 尾水深度处理效果的研究，得出以下结论。

① 传统人工湿地系统中，只有在运行的水力负荷为 $0.2m^3/(m^2 \cdot d)$ 时，出水 COD 和 TP 的浓度能够满足地表 Ⅳ 类水水质要求，一级 A 尾水中的 TN 和 NH_4^+-N 污染物含量始终无法降到 2mg/L 以下，处理至地表 V 类水水质的要求。

② 沸石＋钢渣的改良人工湿地处理一级 A 尾水效果明显优于传统砾石人工湿地，对 NH_4^+-N 和 TP 的去除效果尤为明显，在 $0.5m^3/(m^2 \cdot d)$ 水力条件下，对 NH_4^+-N 的去除率达到 79.91%，对 TP 的去除率达到 74.22%。

③ 在 $0.5m^3/(m^2 \cdot d)$ 的水力负荷下，改良人工湿地能够将一级 A 尾水中 COD、TP 和 NH_4^+-N 的浓度降至地表 Ⅲ 类水水质标准，出水 TN 的平均浓度为 9.04mg/L，勉强达到地表准 Ⅳ 类水水质。

④ 改良人工湿地在极低水力负荷 $0.2m^3/(m^2 \cdot d)$ 下，出水 TN 的平均浓度为 7.825mg/L，也无法将一级 A 尾水中 TN 的浓度降至 2mg/L 以下，无法达到地表 V 类水水质要求，但能够达到地表准 Ⅳ 类水水质标准。

2.2.2 人工强化生态滤床处理一级 A 尾水效果研究

（1）人工强化生态滤床启动阶段

本书主要阐述了人工强化生态滤床的挂膜方式和滤料选择依据，观察了挂膜过程中生物膜的形态和进出水中 COD、TP 以及 NH_4^+-N 的含量及变化趋势，探究水力停留时间（HRT）对处理效果的影响，并针对不同地表水质标准寻找能够达到该级别水质的最短 HRT。

① 挂膜方式的选择。生物处理污水的挂膜方式一般可分为自然挂膜和接种挂膜。自然挂膜是将水源水中的氨氮等营养物质作为养料，以源水中含有的微生物作菌源在滤料上积累挂膜。按照进水方式又可分为连续稳定进水、逐步加大进水量进水和间歇进水 3 种模式。接种挂膜是接种已经培养好的活性良好的活性污泥，将污泥直接投入反应器中作为菌种进行挂膜。

李思敏等在对比两种不同挂膜方式对水中污染物去除效果影响时发现，采用接种挂膜法的启动时间比自然挂膜法缩短了 6～8d，其生物量也较大，但生物活性比自然挂膜法低 12.03%～14.29%；两种挂膜方法对 COD_{Mn}、NH_4^+-N 和 UV_{254} 均有很好的去除效果，采用自然挂膜的滤柱运行稳定，尤其是对 UV_{254} 的去除率更佳，比接种挂膜法提高了 5.01%～10.8%，但其运行周期也较接种挂膜法长。张菊萍等在中置曝气生物滤池（BAF）挂膜方式的研究中，对接种挂膜方式做了研究，采用接种挂膜方式，在平均水温为 16.7℃条件下，仅需 17d 就可挂膜成功，此时 NH_4^+-N 的去除率达到并稳定在 60%，而且接种挂膜相比自然挂膜大大缩短了挂膜周期，在工程生产上具有实际意义。

为了缩短时间，快速完成挂膜启动，采用先闷曝，再逐步加大进水量的连续进水法进行挂膜。取污水厂 AAO 工艺回流污泥与污水混合后倒入生化滤床中，污泥质量浓度为 11.47g/L，试验装置采用蠕动泵控制进水，同时在进水端底部曝气，以 0.75L/min 的曝气量闷曝两天后，将反应器排空，以 1.3mL/min 进水量进水 10d，从第 11 天开始逐步将进水量提高到 2.6mL/min，持续 13d，每天提升 0.1mL/min。每两天对出水进行 TP、COD 和氨氮的测量，整个过程曝气量不变，40d 后挂膜完成，COD 和氨氮的去除率分别稳定在 50% 和 40% 左右。

② 滤料选择。人工强化生态滤床是生物膜处理技术的一种，滤料是人工生态滤床中非常重要的一部分，滤料为生物附着提供支撑，滤料上生物膜的好坏决定了滤床的处理效果、运行成本以及出水水质的稳定性。所以，选择适合的滤料十分重要。火山岩、沸石、砾石、陶环和碳环等是比较常见的人工强化生态滤床滤料，晁雷等对人工强化生态滤床 5 种生物滤料的性能研究表明，沸石孔隙率为 38%，虽然挂膜速度较慢，但抗 COD 和氨氮负荷能力都较强，适宜作为本次试验的滤料。

③ 挂膜结果与分析。在整个人工强化生态滤床填料区生物挂膜启动过程中，整体的出水水质是不断提升的，但是会随着进水水质的波动而浮动。在启动阶段的后期，滤料表面形成黄色絮状物，手感光滑，当出水指标都趋于稳定，出水 COD 能稳定在 20mg/L 左右，去除率能达到 52% 左右。出水 TP 能稳定在 0.33mg/L 左右，去除率能达到 37% 左

右。出水 NH_4^+-N 为 0.28mg/L 左右, 去除率能达到 45％左右时, 可认定挂膜成功。

挂膜期间生物滤床对 COD 的去除效果如图 2-12 所示。

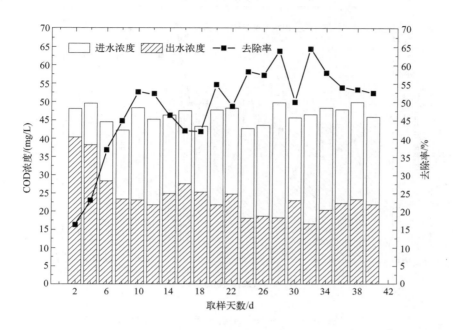

图 2-12　挂膜期间生物滤床对 COD 去除效果

从图 2-12 中可以看出, COD 出水浓度在挂膜初期偏高, 随后下降, 挂膜中期随着水力负荷的升高出现抬升和波动, 后期稍有降低, 同时波动减小。

初期出水 COD 偏高, 挂膜初期沸石对 COD 就有一定的去除率, 但由于挂膜不完全, 微生物对水中 COD 的去除效果不好, 这段时期主要依赖基质填料沸石对 COD 的过滤、截留和吸附。与此同时, 更有可能是结束闷曝后, 还有很多微生物没能牢固地附着在基质表面, 随着水力负荷的加大, 随水流出, 从而造成了 COD 值偏高的现象。从第 11 天开始, 逐步提升进水流量, 出水 COD 出现了小幅升高, 由于刚生物挂膜很薄, 微生物非常少, 突然提高水力负荷微生物无法适应, 同时接种时期附着在滤料表面的部分微生物受水力剪切作用而流失, 所以处理效果变差。后期出水效果开始好转, 整体趋于稳定, 但仍有波动, 一方面是因为进水 COD 浓度存在一定的波动, 另一方面是因为进水本底浓度较低, 微生物处理效果不稳定。启动期间 COD 进水平均浓度为 46.49mg/L, 前 10 天出水浓度从 40.23mg/L 降到 21.63mg/L, 平均浓度为 30.50mg/L。从第 11 天开始增加水力负荷到第 23 天, 出水浓度为 21.69～25.12mg/L, 平均出水浓度为 24.25mg/L。24d 后的出水平均浓度为 20.17mg/L, 达到地表水 Ⅳ 类水标准, 接近地表水 Ⅲ 类水标准。

启动阶段前期, 去除率先随着装置的运行逐渐升高, 到第 10 天去除率达到 52.53％。水力负荷增加阶段, 去除率下降, 平均去除率 47.56％。最终去除率上升, 平均去除率 56.75％, 去除率稳定, 在第 32 天去除率达到 64.38％。去除率的稳定表明, 人工强化生态滤床具备了降解有机污染物的能力, 异养菌状态基本稳定, 挂膜基本完成。

挂膜期间生物滤床对 TP 的去除效果如图 2-13 所示。

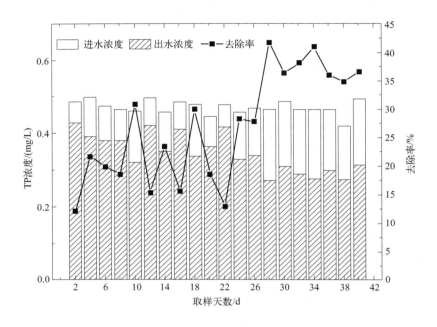

图 2-13 挂膜期间生物滤床对 TP 去除效果

从图 2-13 中可以看出，从总体趋势看，出水浓度是逐渐下降的，但是在水力负荷提升期间，出水水质出现较为明显的波动。

初始阶段除磷效率极低是因为滤池填料对磷素的吸附和过滤沉淀作用是磷素污染物的主要去除途径，聚磷菌通过厌氧释磷-好氧吸磷的生物作用对除磷的贡献较少，此时 TP 出水浓度由 0.428mg/L 降低到 0.319mg/L。这也是由未能附着在滤料上的微生物随水流出带出了吸附在微生物表面的 TP 而造成的。调整进水流量后，出水水质波动较为明显，此时出水 TP 平均浓度为 0.383mg/L，平均去除率为 19.68%，出水 TP 浓度有所升高。停止提高水力负荷后，出水 TP 波动减小，TP 浓度也有所降低，平均浓度为 0.299mg/L，勉强达到地表水 Ⅳ 类水标准。

去除率整体是先升高、再平稳的趋势。挂膜中期，挂膜已开始形成，生物作用对除磷的贡献开始显现，但是由于正处在水力负荷抬升阶段，所以没有表现出明显的水处理效果，在水力负荷稳定后，出水水质开始平稳，去除率有所上升，此时平均去除率 35.59%，最高去除率为 41.72%。挂膜后期出水浓度和去除率都相对稳定，认为挂膜启动成功。

挂膜期间生物滤床对 NH_4^+-N 的去除效果如图 2-14 所示。

人工强化生态滤床中 NH_4^+-N 主要通过 3 种方式被去除，分别为填料的过滤截留和吸附作用、吹脱去除和生物脱氮。启动期间 NH_4^+-N 进水的浓度保持在 4.288～4.987mg/L。

NH_4^+-N 出水浓度在挂膜初期偏高，随后下降，挂膜中期随着水力负荷的升高出现抬升和波动，后期稍有降低，同时波动减小出水相对稳定。

在启动最初的 10d 里，曝气起到了加强水中氨被吹脱的作用，沸石填料对 NH_4^+-N 的

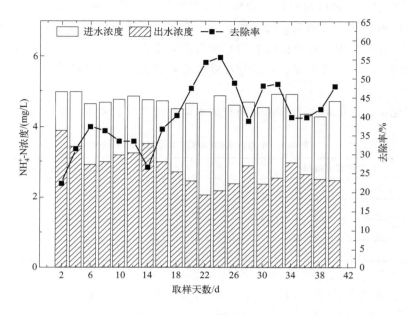

图 2-14　挂膜期间生物滤床对 NH_4^+-N 去除效果

吸附效果较好，而此时，氨氮氧化菌是一种自养菌，比生长速率较慢，形成菌落时间较长，所以运行初期通过生物脱氮去除 NH_4^+-N 效率较低。所以前两种去除方式占据主导地位。从第 11 天开逐渐加大进水流量，氨氮的去除率又开始逐渐升高，这说明沸石表面生物膜开始形成并且细菌活性开始变好。窦娜莎在研究曝气生物滤池水力负荷对氨氮去除情况时也发现，在水力负荷较低时，加大水力负荷对氨氮去除效果有提升作用。从第 24 天开始 NH_4^+-N 出水浓度稍有下降，但波动也更小，沸石的离子交换和吸附能力开始下降。

启动第 1 天，NH_4^+-N 出水浓度为 3.885mg/L，去除率为 22.10%，到第 10 天 NH_4^+-N 出水浓度为 3.183mg/L，去除率为 33.35%。随着水力负荷增加，出水浓度先增加后下降，停止增加进水流量后，平均出水浓度为 2.548mg/L，平均去除率为 45.33%，整体表现比较平稳，说明挂膜成功。

氨氮去除主要通过以下 3 个途径：硝化菌和亚硝化菌分解代谢、沸石填料吸附截留和曝气氧化。硝化菌是自养菌，需要无机碳源，虽然一级 A 尾水中有机碳源浓度较低，不会导致异养菌对消化菌和亚消化菌种群地位造成威胁，但一级 A 尾水中无机碳源微生物的生长繁殖也离不开营养物质。营养物质也就是碳、氮、磷等物质的均衡决定了微生物的生长情况。

水中自带的碳酸根及碳酸氢根以及曝气和异养菌代谢产生的 CO_2 完全可以满足硝化菌的需要，而有机碳源（BOD）对硝化却是一个威胁，有机碳源过多，导致异养菌争夺氧气和优势菌种的地位，所以，一般进入硝化池 BOD 不大于 $80mg/m^3$，而脱氮系统不缺 N 源，不需要考虑磷酸盐的话，硝化菌在菌胶团中占比很小，而且合成慢，基本上都可以满足需要。

（2）　HRT 对处理效果的影响

HRT 是指污水与滤料上的微生物的接触时间，HRT 与水力负荷呈负相关。一方面由于一级 A 尾水中污染物负荷较低，为保证处理效果，需要尽量延长停留时间，使污染物与填料充分接触，从而得到充分的去除。另一方面，延长停留时间有利于水中污染物的去除，但是在实际工程中，延长停留时间意味着需要更大的反应器容积，而且需要更多的建设和维护费用，所以又要在保证处理量和处理效果的情况下尽量减少水力停留时间，以降低处理成本。

人工强化生态滤床的水力停留时间与进水流量的对应关系如表 2-1 所示。

表 2-1 水力停留时间与进水流量的对应关系

水力停留时间/d	进水流量/(mL/min)
2	2.6
1.5	3.5
1	5.2
0.5	10.4

研究在进水流量为 2.6mL/min、3.5mL/min、5.2mL/min 和 10.4mL/min 的条件下，即 HRT 分别对应为 2d、1.5d、1d 和 0.5d 时，对 COD、TP 和 NH_4^+-N 这 3 种污染物去除效果的影响。在试验过程中，曝气量为 0.75L/min，温度控制在 12～17℃ 范围内。

① HRT 对 COD 去除效果的影响。从图 2-15 中可知，随着水力负荷的继续增加，可以看到 COD 出水浓度升高，去除率明显降低。COD 平均进水浓度为 46.51mg/L。

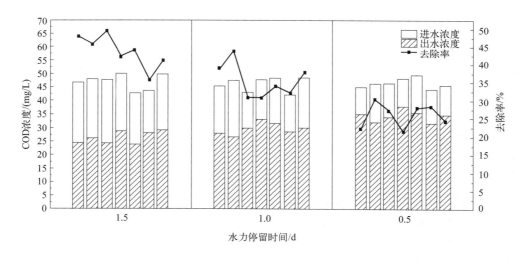

图 2-15 HRT 对 COD 去除效果的影响

在进水流量为 3.5mL/min 时，即 HRT 为 1.5d，平均出水浓度为 26.39mg/L，平均去除率 43.73%，最低 COD 出水浓度 23.97mg/L，出水浓度可达到地表水Ⅳ级标准。在进水流量为 5.2mL/min 时，即 HRT 为 1.0d，平均出水浓度为 29.66mg/L，平均去除率 35.50%，最低 COD 出水浓度 26.63mg/L，出水浓度可达到地表水Ⅳ级标准。在进水流量为 10.4mL/min 时，即 HRT 为 0.5d，平均出水浓度为 34.39mg/L，平均去除率

26.07%，最低 COD 出水浓度 31.69mg/L，出水浓度可达到地表水 V 类水标准。

综上所述，COD 去除率随着 HRT 的缩短而降低，相反地，水力负荷越小，出水水质就越好，对有机物的去除效果越好。系统的平均去除率下降是因为随水力负荷的增加，污水在滤床中的停留时间减少，从而减小了曝气时间和离子交换以及生物反应的时间，同时加大了滤层间的过滤速度和水力剪切力，使得生物膜更容易被冲脱，影响处理效果。

② HRT 对 TP 去除效果的影响。由图 2-16 可知，进水平均浓度为 0.469mg/L，在进水流量为 3.5mL/min 时，即 HRT 为 1.5d，平均出水浓度为 0.322mg/L，平均去除率 32.02%，最低 TP 出水浓度 0.272mg/L，出水浓度可稳定达到地表水 V 级标准。在进水流量为 5.2mL/min 时，即 HRT 为 1.0d，平均出水浓度为 0.312mg/L，平均去除率 31.65%，最低 TP 出水浓度 0.277mg/L，出水浓度可稳定达到地表水 V 级标准。在进水流量为 10.4mL/min 时，即 HRT 为 0.5d，平均出水浓度为 0.366mg/L，平均去除率 22.77%，最低 TP 出水浓度 0.295mg/L，出水浓度可稳定达到地表水 V 级标准。随着水力停留时间的减小 TP 去除效果降低，但影响较小，都能较为稳定地保证出水达到 V 类水标准，出水效果较好时可达到 IV 类水标准。

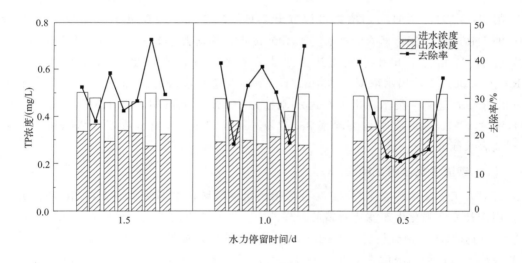

图 2-16　HRT 对 TP 去除效果的影响

③ HRT 对 NH_4^+-N 去除效果的影响。Pujol 等认为高过滤速率可以促进 NH_4^+-N 的去除，而缩短 HRT 可以降低实际工程中的基础设施成本，但是缩短 HRT 不可避免地会增加负荷并对生物膜产生一定的影响，从而影响硝化细菌的硝化作用。在曝气生物滤池的应用中，随着 HRT 的增加，NH_4^+-N 的去除率总体呈上升趋势。原因是延长 HRT 后尾水与生物膜之间的接触时间也增长，生物降解作用得到了充分发挥，而且因为硝化细菌是一种世代周期较长的菌种，所以控制 HRT 的长度显得十分重要。

从图 2-17 中可以看出，随着水力停留时间的缩短，水力负荷和流量增加，出水的 NH_4^+-N 升高，去除率下降。平均进水浓度为 4.69mg/L。

随着水力停留时间的减小和水力负荷的提升，人工曝气生态滤床对 NH_4^+-N 的去除效

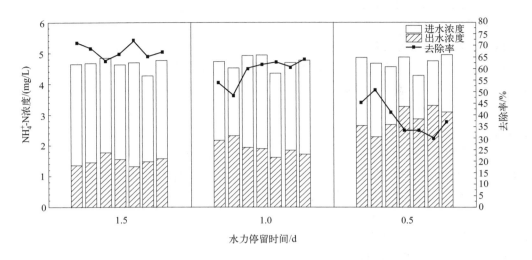

图 2-17　HRT 对 NH_4^+-N 去除效果的影响

果被削弱，水力停留时间的增加可以提升 NH_4^+-N 去除率。在进水流量为 3.5mL/min 时，即 HRT 为 1.5d，平均出水浓度 1.499mg/L，平均去除率 67.72%，最低 NH_4^+-N 出水浓度 1.317mg/L，出水水质能达到 Ⅳ 类水标准。在进水流量为 5.2mL/min 时，即 HRT 为 1.0d，平均出水浓度 1.934mg/L，平均去除率 58.83%，最低 NH_4^+-N 出水浓度 1.622mg/L，达到 Ⅴ 类水标准。在进水流量为 10.4mL/min 时，即 HRT 为 0.5d，平均出水浓度 2.879mg/L，平均去除率 38.77%，最低 NH_4^+-N 出水浓度 2.284mg/L，无法达到地表水标准。

（3）钢渣强化吸附试验

针对人工强化生态滤床对 TP 去除效果不足的问题，本书使用钢渣对 TP 进行吸附试验，用于补充和强化生态滤床对磷的处理能力。试验选用的钢渣材料来自凌源钢铁厂。

① 钢渣吸附平衡分析。称取钢渣 20g（共 3 份）并置于 250mL 锥形瓶中，由于污水厂实际出水 TP 平均浓度在 0.35mg/L 左右，所以加入 0.35mg/L 的 KH_2PO_4 标准溶液（以 P 记）200mL 后，放置于恒温摇床中，在 (120 ± 1)r/min、(25 ± 0.5)℃下，每隔 60min 测其上清液的磷浓度，根据磷浓度变化，计算钢渣的吸磷量，取其平均值。钢渣吸磷量变化如表 2-2 所示。

表 2-2　钢渣吸磷量变化

次数	时间/min	上清液磷浓度/(mg/L)	初始磷浓度/(mg/L)	吸附量/(mg/g)
1	0	0.350	0.35	0
2	60	0.117	0.35	0.00233
3	120	0.027	0.35	0.00323
4	180	0.221	0.35	0.00129
5	240	0.333	0.35	0.00017

次数	时间/min	上清液磷浓度/(mg/L)	初始磷浓度/(mg/L)	吸附量/(mg/g)
6	300	0.107	0.35	0.00243
7	360	0.194	0.35	0.00156
8	420	0.243	0.35	0.00107
9	480	0.220	0.35	0.0013

钢渣吸磷量随时间变化量如图 2-18 所示。

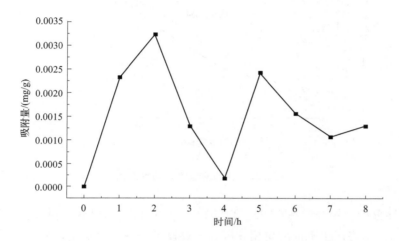

图 2-18 钢渣吸磷量随时间变化量

从图 2-18 中看出，达到吸附平衡的时间约为 8h，平衡时的吸磷量约为 0.0012mg TP/g 钢渣。在 2h 后，钢渣的吸磷量就基本达到最大值。

② 吸附等温线的绘制。试验共进行 8 组，每组设 3 个平行样试验。称取钢渣 (20±1) g 并置于 250mL 锥形瓶中，再分别加入浓度分别为 0mg/L、2.5mg/L、5mg/L、10mg/L、20mg/L、40mg/L、80mg/L、160mg/L 的 KH_2PO_4（以 P 记）标准溶液 200mL，置于恒温摇床中，在 (120±1) r/min、(25±0.5)℃条件下，振荡 48h，振荡停止后稍静置，取其上清液作为水样测其磷浓度，相同条件的 3 个平行试验数值取平均值。探究不同起始磷浓度对钢渣吸磷量的影响，试验结果见表 2-3。

表 2-3 不同初始浓度下钢渣吸磷量

原始磷浓度/(mg/L)	吸附平衡磷浓度/(mg/L)	吸附量/(mg/g)
2.5	0.034	0.0247
5	0.057	0.0494
10	0.096	0.0990
20	0.656	0.1934
40	1.061	0.3894
80	3.024	0.7698
160	4.060	1.5594

根据 Langmuir（郎缪尔）吸附方程，以吸附平衡浓度 C 的倒数为自变量，吸附量 G 为因变量，拟合出钢渣对磷的吸附等温线，拟合结果见图 2-19。根据拟合出的方程，可以算出钢渣对磷的最大理论吸附量为 1.7065mg TP/g 钢渣。

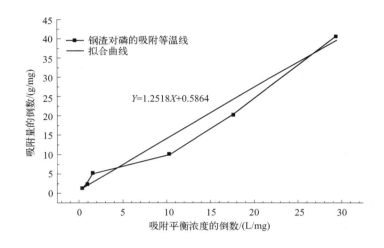

图 2-19　钢渣对磷吸附的等温线

③ 经济性分析。综合考虑 COD、TP 和 NH_4^+-N 3 个指标同时达标的情况，达到不同等级的地表水标准将产生不同的费用，因为主要设备为一次性费用，故本章费用和效益分析主要从运行期间电力耗费和吸附材料更换的角度进行。

基于Ⅳ类水标准，污水厂每排放 $1m^3$ 尾水，要将 TP 浓度从 0.35mg/L 降至 0.2mg/L，按照钢渣最大吸附量 1.7065mg TP/g 钢渣计算，可得出每处理 $1m^3$ 水需要钢渣约 87.8992g。以堆积密度经验值 $2.5t/m^3$ 计算，得出每处理 $1m^3$ 水需钢渣体积为 $2.1975 \times 10^{-4} m^3$。钢渣价格为 500 元$/m^3$，则每处理 $1m^3$ 水需要花费 0.11 元；人工强化生态滤床部分除设备本身主要花费为电费，此时所需水力停留时间为 1.5d 即 36h，每处理 $1m^3$ 尾水，曝气需要电量 0.36kWh，按照 0.8 元/kWh 计费，则曝气费用为 0.288 元$/m^3$。

基于地表水Ⅴ类水标准，不需要钢渣强化，此时人工强化生态滤床的水力停留时间为 1d 即 24h，此时每处理 $1m^3$ 尾水，曝气需要电量 0.24kWh，按照 0.8 元/kWh 计费，则曝气费用为 0.192 元$/m^3$。

为了达到地表水Ⅳ类水标准，钢渣强化后运行期间的人工强化生态滤床处理每吨污水费用为 0.398 元$/m^3$；为达到地表水Ⅴ类水标准，运行期间人工强化生态滤床费用为 0.192 元$/m^3$。

（4）小结

通过研究人工强化生态滤床对 COD、TP 和 NH_4^+-N 的去除状况，并通过增选钢渣为人工强化生态滤床填料基质的方式对除磷能力进行强化，探究出水可达水质。试验中得到如下结论。

由于一级 A 尾水中污染物负荷较低，所以可以形成的生物挂膜并不厚，对污染物的去除途径除了微生物吸收和利用之外，曝气和填料吸附对污染物的去除也作了不小的贡献。

水力停留时间的增加能从整体上提高人工曝气生态滤床的处理效果，特别是针对 COD 和 NH_4^+-N 的提升效果明显，对 TP 的提升效果较为不明显。当 HRT 为 0.5d、1.0d 和 1.5d 时，COD 平均去除率分别为 26.07%、35.50% 和 43.73%，出水水质都分别能稳定达到 V 类水、Ⅳ 类水和 Ⅳ 类水标准；当 HRT 为 0.5d、1.0d 或 1.5d 时，TP 平均去除率分别为 22.77%、31.65% 和 32.02%，出水水质都能稳定达到 V 类水标准；而氨氮去除效果受 HRT 影响明显，当 HRT 为 0.5d、1.0d 和 1.5d 时，NH_4^+-N 平均去除率分别为 38.77%、58.83% 和 67.72%，HRT 为 1.0d 和 1.5d 时出水水质分别能稳定达到 V 类水和 Ⅳ 类水标准。

增选钢渣为人工强化生态滤床填料基质的方式，可对生态滤床除磷能力进行强化提升，使得出水整体达到 Ⅳ 类水水质标准。

基于 Ⅳ 类水标准，钢渣强化后运行期间的人工强化生态滤床处理每吨污水费用为 0.398 元/m^3；基于地表水 V 类水标准，运行期间人工强化生态滤床费用为 0.192 元/m^3。

2.2.3 藻类稳定塘处理一级 A 尾水效果研究

效仿高效藻类塘中的藻菌共生系统对一级 A 尾水的处理效果进行研究，本阶段试验通过对进出水 COD、TP 和 NH_4^+-N 3 个指标的监测，对比不同藻菌比例和不同水力停留时间下 COD、TP 及 NH_4^+-N 的去除情况，探究在不同藻菌比例和不同水力停留时间下应用藻菌共生系统的藻类稳定塘对一级 A 尾水的处理能力。由于污水为一级 A 尾水，营养盐浓度较低，本书试验主要借鉴高效藻类塘的藻类与活性污泥共生系统，将较高浓度的藻液与活性污泥共同培养，不再进行人工曝气。

藻类塘启动阶段为 20d，也就是从开始培养到去除效果稳定大约用了 20 天，用以筛选处理一级 A 尾水最佳的藻菌配比。探究水力停留时间对去除效果影响的试验是通过调整每日进水量来调控 HRT，观察分析出水水质和污染物去除效果，得出在出水满足不同等级地表水标准情况下的最佳水力停留时间。

结合多种藻类处理生活污水的营养物吸收和耐受试验，选择了对污水中营养物吸收效果较好的小球藻，小球藻是日常生活污水中常见、易分离且对污水中氮和磷去除效率较高的藻类。同时选用运行 AAO 处理工艺的污水处理厂生化池回流活性污泥作为接种污泥，提供菌源。

（1）准备阶段

① 藻类塘中的藻类选择。小球藻在对污水中营养物质的吸收能力和耐受能力强，邢丽贞对小球藻、栅藻、链丝藻、颤藻、鞘丝藻、水绵、水网藻进行了氮磷去除能力和耐污能力的试验，结果表明小球藻的生长速率最快，是脱氮除磷效率较高的藻种，而且对氨氮和正磷酸盐的去除量较大，仅次于颤藻。而且小球藻细胞密度较小，更易通过提高密度的方法提高对氮磷的去除效率。小球藻耐污能力很强，在污水中生长不会受抑制，绿球藻目的许多类群，包括小球藻等属的种类都具有明显的营腐生生活倾向，小球藻在富含有机质

的污水中均能大量生长。小球藻繁殖快、易于培养、存活能力强，很容易扩大培养，很好地解决了藻类稳定塘在实际工程应用中需求量大的问题。

小球藻是一种自然界中分布广泛，易于获得，成本极低，如果正确使用，其副产物也具有经济价值的普生性单细胞绿藻。本书选用小球藻是淡水微藻，属于绿藻门、绿藻纲、小球藻属。

现在世界上已知小球藻种类约 10 种，其变种藻上百种，小球藻在自然界中分布广泛，淡水中的种类最多。它易于培养，不仅可以利用光能进行自养，还可以利用有机碳源在异养条件下生长和繁殖。小球藻的异养生长可使细胞浓度达到较高水平，降低其分离成本，为小球藻产品的大规模生产提供了坚实的基础。余若黔等验证了温度 $30\sim32\,℃$ 是小球藻的最适生长温度，$pH=5.5\sim6.5$ 是其生长最适 pH 值。

小球藻的生长环境是多种多样的，小球藻的异养生长可以利用有机碳源，例如葡萄糖和果糖，以及氮源，例如铵和硝酸盐。另外，其生长会积聚大量的碳水化合物、油和其他具有经济价值的副产物。使用含盐量高的海水培育小球藻和其他 4 种微藻，发现其中只有普通小球藻在淡水和海水条件下生长良好，而且其总脂质含量和能量相较其他 3 种更好。有研究表明，在盐胁迫条件下，普通小球藻的生长速度、碳水化合物含量和油含量均增加了。

试验选用处在对数生长期的藻种。一些研究表明，在对数和静止期结束时，由于营养条件和物理因素的限制，细胞的生理发生了很大的变化。脂质的积累、液泡的减少以及膜脂肪酸的改变会增加小球藻耐药性。研究还证实，最大的次级代谢产物产生发生在细胞生长不太活跃的时期。可推断，对数期末和早期静止期的藻细胞具有最大的氮和磷相对吸收率。

② 尾水对小球藻生长的影响。本次对比中，主要利用光学显微镜通过血球计数板计数法对比污水处理厂尾水对小球藻生长的影响。5 号组向小球藻原液中加入一级 A 尾水，6 号组向小球藻原液中加入等量蒸馏水。

20d 后，观察可见，5 号组小球藻颜色为深绿色，6 号组仍然呈黄绿色，5 号组与 6 号组相比颜色更深更绿。通过血球计数板计数，发现 5 号组中出现一些水中微生物的孢子和生物残片，应该是由尾水带入藻类塘的，其中一些会吸引小球藻围绕在周围"抱团"，查阅资料发现，小球藻本身细胞壁不具黏性，不易聚集。5 号组和 6 号组小球藻浓度对比如表 2-4 所示。

表 2-4　小球藻浓度对比

项目	第 1 天	第 8 天	第 20 天
5 号组/(个/mL)	1.645	6.742	9.420
6 号组/(个/mL)	1.627	2.005	3.756

由表 2-4 可看出，一级 A 尾水对小球藻的生长有促进作用，能够提供藻类生长繁殖所需的营养物质。

（2）菌藻配比对处理效果的影响

在藻类稳定塘启动阶段可以观察到，藻菌混合体系培养初期，1 号组（只含有小球藻）呈现微绿色，2～4 号组受污泥颜色影响都呈黄绿色且黄色程度依次加深。在之后的一周里，1～4 号组中绿色都出现显著加深，即 1 号组呈现浓绿色，2～3 号组依次呈现深黄绿色。在之后的 13d 里，4 个组颜色变化非常缓慢，到培养阶段结束时，能观察到颜色更加浓郁，但程度不明显。

1～4 号组都呈现出绿色加深，可以明显看出藻类浓度在随着时间累加，说明在初始阶段藻类浓度并没有达到饱和。

① 菌藻配比对 COD 去除效果的影响。进水 COD 浓度为 42.14～49.82mg/L，平均进水浓度 46.49mg/L，培养启动阶段藻菌混合体系对 COD 的去除效果如图 2-20 所示。

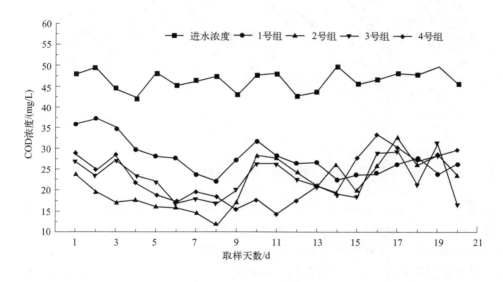

图 2-20　COD 去除效果

由图 2-20 可知，4 组都呈现出水 COD 浓度先降低，到达一定程度后又出现回升和波动，1 号和 4 号组大体趋势逐渐平稳，2、3 号组波动较明显。可以看出，1 号组纯藻类生态系统受时间影响不大，其余 3 组在 16d 左右藻菌系统去除率都出现较为明显的下降，由于藻菌系统活性下降，去除效果接近饱和。

初始阶段的 8d 里，COD 去除率越来越高，出水水质最好的是 2 号组，最好水质 11.72mg/L，去除率 75.33%，满足地表水 Ⅲ 类水标准；COD 出水水质最差的是 1 号组，最好水质 21.87mg/L，去除率 53.98%，满足 Ⅳ 类水水质标准；2 号组和 3 号组最好水质分别为 11.72mg/L 和 16.93mg/L，去除率分别为 75.33% 和 64.25%，满足地表水 Ⅲ 类水标准。

从整个周期来讲，对 COD 的去除率由高到低依次是 4 号组、3 号组、2 号组和 1 号组，最好的是 4 号组，其平均去除率最高，为 70.59%，出水水质波动也相对较小。3 号组平均去除率为 66.12%，2 号组平均去除率为 63.08%。1 号组平均去除率最低，为

45.39%。4 号组虽然平均去除率最高，但是后期 COD 去除效果明显下降。

总的来说，在启动阶段 20d 内 4 组 COD 出水水质都能满足Ⅴ类水标准，1 号组在出水水质平稳后能稳定达到地表水Ⅳ类水标准，其余 3 组在藻菌活性明显下降前都能较为稳定地达到Ⅳ类水标准。虽然短期内出现了能满足Ⅲ类水标准的情况，但只能保持几天，并不能稳定下来，在实际应用中若需对接以Ⅲ类水作为排放标准的要求，需要较为细致和准确地调控藻类活性。COD 去除率如图 2-21 所示。

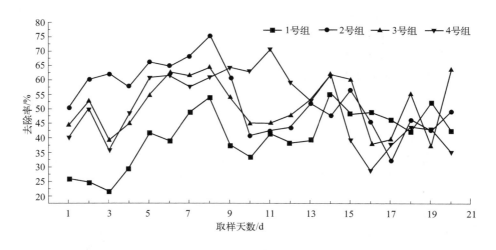

图 2-21　COD 去除率

由图 2-21 可看出，藻类本身对 COD 去除率影响并不大，1 号组 COD 去除效果较其他 3 组有明显差距，原因是在藻菌共生体系中好氧菌对 COD 的去除占主导地位。藻菌共生体系中 COD 的去除主要靠水中的好氧菌的分解吸附。但在本段试验中由于 1～4 号组藻类的初始投加量不同，导致光合作用产生的氧气量不同，所以藻类初始投加量越大，光合作用产生的氧气越多，能为好氧菌提供的氧就越多，好氧菌对 COD 的去除率越高。

所以，COD 去除效率最好的为 4 号组，其次是 3 号和 2 号组，1 号组最差。这可能是因为好氧菌对 COD 的消耗能力大于藻类自身生长增殖消耗，1 号组中只投放了藻液，对污水中 COD 的去除主要靠一级 A 尾水中含有的微量好氧菌和藻类自身生长增殖消耗，所以去除效果最差。4 号组是因为活性污泥投加量最多，所以前期去除效果最好，但 COD 去除能力饱和也最快。藻类对去除 COD 的提升作用不大。

② 菌藻配比对 TP 去除效果的影响。进水 TP 浓度为 0.419～0.497mg/L，平均浓度 0.471mg/L，培养启动阶段藻菌混合体系对 TP 的去除效果如图 2-22 所示。

由图 2-22 可看出，初始阶段出水 TP 浓度较低也较为稳定，从第 6～9 天 4 组 TP 出水浓度出现明显差距，1 号组最高 TP 出水浓度为 0.109mg/L，一直可保证达到Ⅲ类水标准，2 号组最高 TP 出水浓度为 0.214mg/L，基本可达到Ⅲ类水标准，3 号组最高 TP 出水浓度为 0.267mg/L，可达到Ⅳ类水标准，4 号组 TP 出水浓度为 0.410mg/L，基本可保证达到Ⅴ类水标准。

从去除率上看，出水 TP 平均去除率由高到低依次为 1 号组、2 号组、3 号组和 4 号

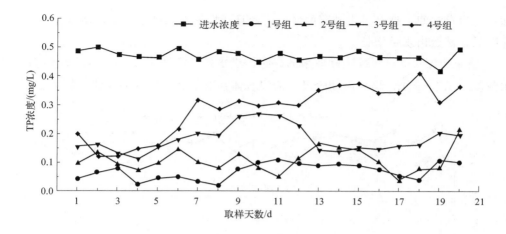

图 2-22　TP 去除效果

组，启动期间平均去除率分别为 85.01％、76.31％、61.64％和 39.91％。由图 2-23 可看出，3 号组和 4 号组出水水质波动较大，对 TP 的去除效果不稳定，与之相比 1 号组和 2 号组出水水质波动较小，去除效果相对稳定，去除率也较高。

1 号和 2 号组藻类生长情况明显好于 3 号和 4 号组，1 号组总磷去除效果最好也最稳定，2 号组效果仅次于 1 号组，处理效果不太稳定，但整体去除率水平尚可，3 号和 4 号组效果较差，从第 7 天开始去除效果出现了不同程度的下降，最差时出水浓度分别为 0.271mg/L 和 0.410mg/L，去除率分别下降至 40.71％和 13.22％。随后，3 号组出现回升，但 4 号组一路下降。这是因为 1 号组藻类浓度最高，小球藻对磷的去除更有优势，且透光性最好，光能利用情况更好。TP 去除率如图 2-23 所示。

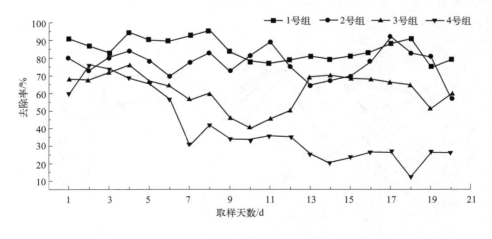

图 2-23　TP 去除率

由图 2-22 和图 2-23 可以看出，藻菌配比对 TP 去除效果有明显影响，可以看出在藻菌共生体系中，对磷的去除贡献较大的是藻类。磷的去除效果与小球藻初始密度有关呈现正相关，随小球藻初始密度的增大而提升。这是因为在藻菌共生体系中，活性污泥侵占了小球藻的生存空间，抑制了小球藻的增殖，而且活性污泥遮挡了阳光，使得存活的小球藻活性降低，甚至出现负增长。

③ 菌藻配比对 NH_4^+-N 去除效果的影响。进水氨氮浓度为 4.288~4.987mg/L，平均进水浓度 4.703mg/L，培养启动阶段藻菌混合体系对 NH_4^+-N 的去除效果如图 2-24 所示。

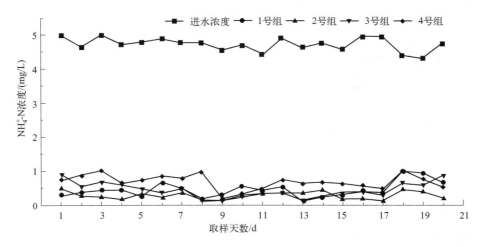

图 2-24　NH_4^+-N 去除效果

由图 2-24 可看出，培养时间对氨氮去除效果的影响比较小，2 号组出水水质最为平稳，其余 3 组出水水质波动相对比较大，但总体来讲 4 组对 NH_4^+-N 的去除效果都很好且去除效果相对稳定。1 号、2 号、3 号组氨氮最高出水浓度分别为 0.985mg/L、0.465mg/L 和 0.889mg/L，都能达到Ⅲ类水标准，4 号组氨氮出水浓度最高为 1.030mg/L，能满足Ⅳ类水标准，从去除率上看，4 组的平均去除率分别为 90.62%、94.14%、90.92% 和 85.64%（图 2-25）。

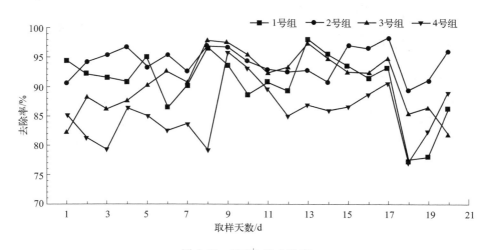

图 2-25　NH_4^+-N 去除率

由图 2-25 可看出，培养时间对 NH_4^+-N 去除能力的改变不大，这是因为启动阶段水力停留时间较长，致使反应器内水质浮动不会过于剧烈。但藻菌配比对藻菌共生系统去除 NH_4^+-N 的能力稍有影响，其中 2 号组效果最好，1 号、3 号组次之，4 号组最差，但在中后期藻菌配比造成的差距有缩小的趋势。由此可见，藻菌共生体中藻类起脱氮除磷的主要作用，藻菌比对小球藻的生物量变化有显著影响。启动阶段后期，藻类初始投加量较低的 3 号和 4 号组中的藻类有较大的增殖空间，经过了几天的增殖后藻类数量升高，从而提高了对 NH_4^+-N 的去除效率，缩小了与 1 号和 2 号组之间处理能力的差距。

在高效藻类塘中，氨氮通常是通过氨挥发和藻类同化作用两种途径从污水中去除的，由藻光合作用方程式可知，在生成 1mol 藻类物质时需要消耗 16mol 的 NH_4^+，可见藻类同化吸收是氨氮去除的重要途径。藻类光合作用的方程式如下：

$$106CO_2 + 236H_2O + 16NH_4^+ + HPO_4^{2-} \longrightarrow C_{106}H_{181}O_{45}N_{16}P + 118O_2 + 171H_2O + 14H^+$$

总的来说，NH_4^+-N 的去除率都很高，虽然组间存在差异。但去除效果整体保持在 76.92%～97.95%。通过对比发现，在 4 组中 2 号组综合去除效果最好。对 COD 的平均去除率 63.08%，对 TP 的平均去除率 76.31%，对氨氮的平均去除率 94.14%，而且是去除效果较为稳定的一组。

（3）　HRT 对处理效果的影响

在同样藻类细胞浓度的情况下，悬浮藻细胞对氮磷的去除效率高于固定化藻细胞，但是与此同时，悬浮藻在实际应用中容易造成流失，所以水力停留时间不宜过短。若水力停留时间过短必然会导致水流速度加快，致使大量未沉降的悬浮藻菌随水流失，但也不宜过长，否则不但会使得藻类塘处理效率降低，而且若不及时将衰老的藻类细胞与水分离，死亡的细胞会破裂，细胞内容物流出会对污水中氮、磷含量有影响，造成二次污染。

在本试验阶段，选用 2 号组的藻菌配比，对菌藻共生系统连续培养 7d，根据不同水力停留时间分为 3 个阶段，每间隔 24h 取样测定其对 COD、氨氮、总磷的去除效果，探究水力停留时间对 COD、NH_4^+-N、TP 处理效果的影响，并对应不同级别地表水标准，找到相应的最短水力停留时间。

由于在较低的氮、磷浓度试验中，小球藻的生长状态相对较缓慢，随着水力停留时间的缩短，去除率整体下降，但达到去除率稳定的时间缩短。

高效藻类塘内藻类培养成熟后，进水量和进水时间维持不变，进水量的水力停留时间如表 2-5 所示。

表 2-5　水力停留时间

水力停留时间/d	进水流量/(mL/d)
5	40
4	50
3	67

① HRT 对 COD 去除效果的影响。进水 COD 浓度范围为 42.14～49.82mg/L，平均进水浓度为 46.49mg/L。藻菌混合体系在各阶段中 HRT 对 COD 去除效果和去除率影响如图 2-26 所示。

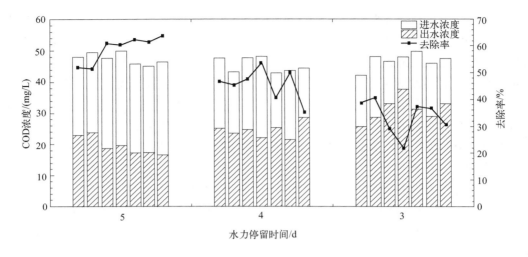

图 2-26　水力停留时间对 COD 去除效果和去除率的影响

由图 2-26 可看出，水力停留时间的缩短，水力负荷随之增大，COD 的出水浓度增大，去除率下降。当水力停留时间为 5d 时，平均出水浓度 19.46mg/L，平均去除率为 59.04%，最小出水浓度 16.55mg/L，出水水质稳定后能达到 Ⅲ 类水标准。当水力停留时间为 4d 时，平均出水浓度 24.47mg/L，平均去除率为 45.86%，最小出水浓度 21.65mg/L，出水水质稳定后能达到 Ⅳ 类水标准。当水力停留时间为 3d 时，平均出水浓度 31.12mg/L，平均去除率为 33.59%，出水水质稳定后能达到 Ⅴ 类水标准，最小出水浓度 25.76mg/L，能达到 Ⅳ 类水标准。

② HRT 对 TP 去除效果的影响。进水 TP 平均进水浓度 0.468mg/L，藻菌混合体系在各阶段中 HRT 对 TP 去除效果和去除率影响如图 2-27 所示。

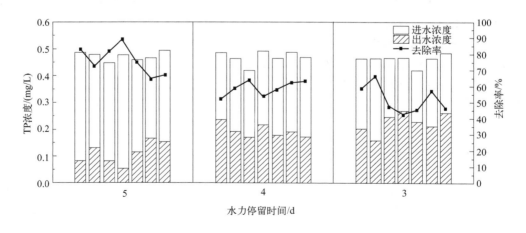

图 2-27　水力停留时间对 TP 去除效果和去除率的影响

根据图 2-27 发现，当水力停留时间减小，水力负荷变大，出水 TP 浓度升高，去除率降低。当水力停留时间为 5d 时，平均出水浓度 0.111mg/L，平均去除率为 76.28%，出水水质稳定后能达到Ⅲ类水标准，最小出水浓度 0.052mg/L，能达到Ⅱ类水标准。当水力停留时间为 4d 时，平均出水浓度 0.193mg/L，平均去除率为 58.66%，最小出水浓度 0.169mg/L，出水水质能稳定达到Ⅲ类水标准。当水力停留时间为 3d 时，平均出水浓度 0.224mg/L，平均去除率为 52.02%，出水水质稳定后能达到Ⅳ类水标准。最小出水浓度 0.156mg/L，能达到Ⅲ类水标准。

③ HRT 对 NH_4^+-N 去除效果的影响。进水氨氮平均浓度 4.711mg/L，藻菌混合体系在各阶段中 HRT 对 NH_4^+-N 去除效果和去除率影响如图 2-28 所示。

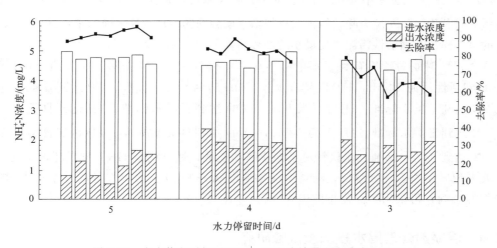

图 2-28　水力停留时间对 NH_4^+-N 去除效果和去除率的影响

由图 2-28 可看出，水力停留时间减少，出水中 NH_4^+-N 浓度升高，去除率下降。当水力停留时间为 5d 时，平均出水浓度 0.372mg/L，平均去除率为 92.19%，最小出水浓度 0.157mg/L，出水水质稳定后能达到Ⅱ类水标准。当水力停留时间为 4d 时，平均出水浓度 0.782mg/L，平均去除率为 83.36%，出水水质稳定后能达到Ⅲ类水标准，最小出水浓度 0.468mg/L，能达到Ⅱ类水标准。当水力停留时间为 3d 时，平均出水浓度 1.530mg/L，平均去除率为 67.21%，出水水质稳定后能达到Ⅴ类水标准，最小出水浓度 0.966mg/L，能达到Ⅲ类水标准。

总的来说，随着水力停留时间的延长藻类稳定塘的去除效果有一定提升，那么考虑到东北地区常见的低温情况，在低温季节延长水力停留时间对保障系统的整体运行效果是有效的。李旭东等关于高效藻类塘处理农村生活污水的研究也证明了这一点。

（4）经济性分析

藻类稳定塘土方工程费根据处理规模的不同而不同，在此不作具体计算，占用土地价格按照辽宁省 2017 年旱地均价 800 元/（亩·年）（1 亩＝666.7m²）计算，即为 1.2 元/（m²·年），为保证氧浓度，塘深保持在 0.5～0.7m，按照 0.5m 计算。

基于地表水Ⅴ类水标准，此时水力停留时间为 3d，处理每 1m³ 尾水花费 0.01973 元；基于地表水Ⅳ类水标准，此时水力停留时间为 4d，处理每 1m³ 尾水花费 0.02630 元；基于地表水Ⅲ类水标准，此时水力停留时间为 5d，处理每 1m³ 尾水花费 0.03288 元。

（5）小结

藻类稳定塘对 COD、TP 和 NH_4^+-N 的去除效果很好，能够通过调整运行参数达到地表水Ⅲ～Ⅴ类水不同标准，通过试验得到如下结论。

藻菌配比对去除效果有影响。在藻液添加量相同的情况下，对 COD 来说，活性污泥或者说好氧菌占比较高对 COD 的去除有优势，活性污泥占比最高的 4 号组平均 COD 去除率为 70.59%。对 TP 来说，投加活性污泥对 TP 的去除效果有削弱，纯藻类塘对 TP 的去除效果最好，出水 TP 平均去除率为 85.01%。对 NH_4^+-N 来说，整体去除率均在 90% 以上，投加活性污泥有利于 NH_4^+-N 去除，但污泥投加增多就会削弱 NH_4^+-N 去除效果，其中去除效果最好的是菌藻混合塘活性污泥占比最小的 2 号组，平均去除率 94.14%。

水力停留时间的延长有利于水中 COD、TP 和 NH_4^+-N 的去除。在藻菌配比为藻液 100mL 和活性污泥 10mL，HRT 为 3d 时，COD 达到Ⅴ类水标准、TP 达到Ⅳ类水标准、NH_4^+-N 达到Ⅴ类水标准。HRT 为 4d 时，COD 达到Ⅳ类水标准、TP 达到Ⅲ类水标准、NH_4^+-N 达到Ⅲ类水标准。HRT 为 5d 时，COD 达到Ⅲ类水标准、TP 达到Ⅲ类水标准、NH_4^+-N 达到Ⅱ类水标准。建议针对不同季节和温度，通过调整 HRT 来提高去除效果。

北方地区冬季室外气温低，藻类塘在冬季也就是 11 月至次年 2 月的 4 个月中运行可能受气温影响，可采用冬储夏排的模式运行。

2.2.4 混凝剂处理尾水投加量试验研究

化学混凝作为一种传统的水处理工艺，具有操作简单易行、适用范围广、处理效果好等优点，运用在污水厂尾水深度处理中切实可行。但是现阶段，化学混凝法在污水处理方面研究较少，且大多数是针对污水处理厂二级出水尾水的深度处理，研究和运用在出水标准为一级 A 的污水处理厂尾水深度处理中的就更少了。随着地方性污水厂尾水排放标准的逐渐提升，以及地表准Ⅳ类水排放标准的日益推行，利用化学混凝处理技术，能否将污水处理厂尾水的排放标准对接地表Ⅲ、Ⅳ类水水质标准，成为一个值得探讨的问题。本书主要通过控制混凝药剂的投加量，检测 COD、NH_4^+-N、TP、TN 的水质指标，来探究投药量对一级 A 尾水处理效果的影响，最终得出能够将尾水处理至地表Ⅲ、Ⅳ类水水质标准的可行性和所需投药量。

试验在实验室进行，从污水厂取回二沉池尾水，水温 18℃。水力条件选择常用的烧杯混凝试验水力条件，在混合阶段，采用 300r/min 快速搅拌 30s，并在此阶段加入混凝剂。在反应阶段，首先以 120r/min 中速搅拌 10min，再以 50r/min 慢速搅拌 10min，最后静沉 15min，取烧杯中上清液的水样进行检测。

（1）低分子混凝剂投加量试验研究

根据现有的关于混凝剂除磷的试验研究，将低分子混凝剂硫酸铝、硫酸亚铁、氯化铁的药剂投加量设计为 20mg/L、30mg/L、40mg/L、60mg/L、80mg/L、100mg/L，每种药剂共做 5 组试验取平均值。

① 硫酸铝混凝效果的研究。硫酸铝作为混凝剂，其混凝的主要机理是吸附电中和及

架桥作用，但最终的混凝效果，受铝离子水解时的具体条件影响较大，其中包括 pH 值、水温、药剂投加量等因素。

试验前 COD 平均浓度值为 37.24mg/L，硫酸铝对 COD 的去除效果如图 2-29 所示。

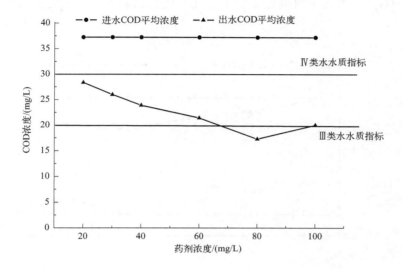

图 2-29　硫酸铝对 COD 的去除效果

从图 2-29 中可以看出，在硫酸铝投加量为 20mg/L 时，COD 浓度为 29.28mg/L，达到了地表Ⅳ类水的水质要求，当投加量为 80mg/L 时，COD 浓度为 17.22mg/L，达到地表Ⅲ类水的水质要求。

试验前 TP 平均浓度值为 0.461mg/L，硫酸铝对 TP 的去除效果如图 2-30 所示。

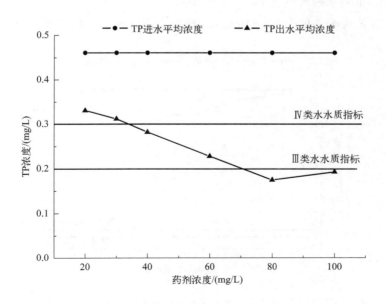

图 2-30　硫酸铝对 TP 的去除效果

从图 2-30 中可以看出，在硫酸铝投加量为 40mg/L 时，TP 浓度为 0.282mg/L，达到了地表Ⅳ类水的水质要求，当投加量为 80mg/L 时，TP 浓度为 0.175mg/L，达到地表Ⅲ类水的水质要求。

试验前 NH_4^+-N 浓度平均值为 4.212mg/L，硫酸铝对 NH_4^+-N 的去除效果如图 2-31 所示。

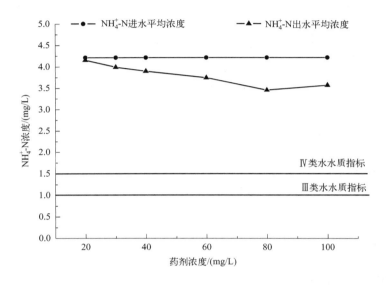

图 2-31　硫酸铝对 NH_4^+-N 的去除效果

从图 2-31 中可以看出，在试验范围内硫酸铝的投加量无法使 NH_4^+-N 污染物浓度指标达到地表Ⅳ、Ⅲ类水的水质要求。

试验前 TN 浓度平均值为 12.84mg/L，硫酸铝对 TN 的去除效果如图 2-32 所示。

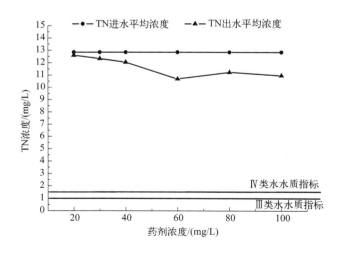

图 2-32　硫酸铝对 TN 的去除效果

从图 2-32 中可以看出，在试验范围内硫酸铝的投加量无法使 TN 污染物浓度指标达到地表Ⅳ、Ⅲ类水的水质要求。

硫酸铝对 COD、TP、NH_4^+-N、TN 的去除率如图 2-33 所示。

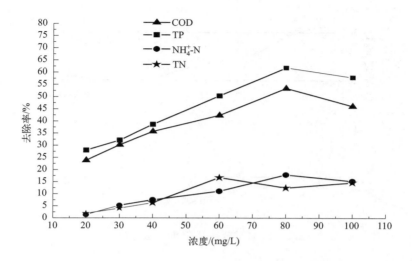

图 2-33　硫酸铝对 COD、TP、NH_4^+-N、TN 的去除率

从图 2-33 中看出，硫酸铝对 COD、TP 的去除率明显高于对 NH_4^+-N、TN 的去除率，对 COD、TP 的去除率随着投加药剂量的增加而增大，到达峰值时下降；在投加量为 80mg/L 时去除效果最好，COD 的去除率达到 53.55%，TP 的去除率达到 61.96%，但是当继续增加硫酸铝的投加量时，COD 和 TP 的去除率不升反降，这是因为硫酸铝的过量投加使胶体粒子重新稳定且吸附能力降低，导致最终的混凝效果并不好。硫酸铝对 NH_4^+-N、TN 的去除率很低，小于 20%，且去除率的变化无明显的规律；其中在投加量为 80mg/L 时，对 NH_4^+-N 去除效果最佳达到 17.95%，在投加量为 60mg/L 时，对 TN 的去除效果最佳达到 16.77%。

综上所述，从硫酸铝对 COD 和 TP 的去除情况考虑，若要将一级 A 尾水处理至地表Ⅳ类水标准，选择硫酸铝的投加量为 40mg/L；若要达到地表Ⅲ类水的水质要求，硫酸铝的投加量应为 80mg/L。

② 硫酸亚铁混凝效果的研究。硫酸亚铁溶于水后，立即水解为 Fe^{2+} 离子，Fe^{2+} 离子外电子层排布为 $3d^6$，外围 d 轨道不完全，具有较强的正电荷，对尾水中的负电胶体粒子有较强的吸附性能，利用电中和作用形成表面平滑、密实、较小的絮状颗粒，产泥量较少，最终经过沉淀去除水中的 COD 和磷等物质。

试验前 COD 浓度平均值为 38.65mg/L，硫酸亚铁对 COD 的去除效果如图 2-34 所示。

从图 2-34 中可以看出，在硫酸亚铁投加量为 30mg/L 时，COD 浓度为 28.21mg/L，达到了地表Ⅳ类水的水质要求，当投加量为 80mg/L 时，COD 浓度为 19.11mg/L，达到地表Ⅲ类水的水质要求。

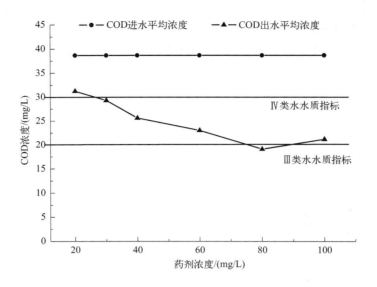

图 2-34　硫酸亚铁对 COD 的去除效果

试验前 TP 浓度平均值为 0.473mg/L，硫酸亚铁对 TP 的去除效果如图 2-35 所示。

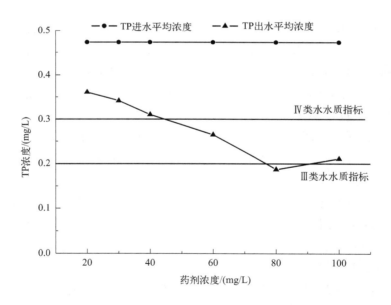

图 2-35　硫酸亚铁对 TP 的去除效果

从图 2-35 中可以看出，在硫酸亚铁投加量为 40mg/L 时，TP 平均浓度为 0.309mg/L，在地表Ⅳ类水的水质要求边缘波动，投加量为 60mg/L 时，TP 浓度为 0.265mg/L，达到了地表Ⅳ类水的水质要求；当投加量为 80mg/L 时，TP 浓度为 0.187mg/L，达到地表Ⅲ类水的水质要求。试验前 NH_4^+-N 浓度平均值为 4.528mg/L，硫酸亚铁对 NH_4^+-N 的去除效果如图 2-36 所示。

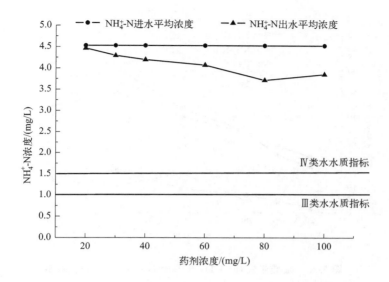

图 2-36　硫酸亚铁对 NH_4^+-N 的去除效果

从图 2-36 中可以看出，硫酸亚铁对 NH_4^+-N 污染物的去除效果与硫酸铝相同，在试验范围内的投加量无法使 NH_4^+-N 指标达到地表Ⅳ、Ⅲ类水的水质要求。

试验前 TN 浓度平均值为 13.96mg/L，硫酸亚铁对 TN 的去除效果如图 2-37 所示。

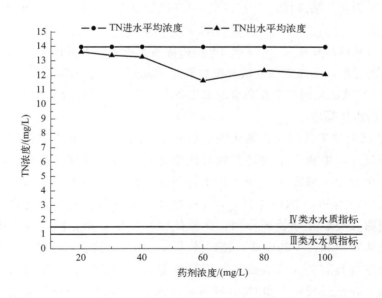

图 2-37　硫酸亚铁对 TN 的去除效果

从图 2-37 中可以看出，硫酸亚铁对 TN 污染物的去除效果与硫酸铝相同，在试验范围内的投加量无法使 TN 指标达到地表Ⅳ、Ⅲ类水的水质要求。

硫酸亚铁对 COD、TP、NH_4^+-N、TN 的去除率如图 2-38 所示。

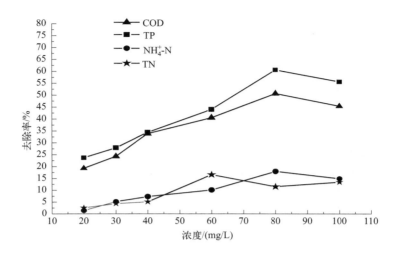

图 2-38 硫酸亚铁对 COD、TP、NH_4^+-N、TN 的去除率

从图 2-38 中可以看出，硫酸亚铁对 COD、TP 的去除效果较好，对 COD、TP 的去除率也呈先增长后下降的趋势，在投加量为 80mg/L 时去除效果最好，COD 的去除率高达到 50.55%，TP 的去除率达到 60.43%。硫酸亚铁对 NH_4^+-N、TN 的去除率很低小于 20%，去除率变化大体上呈现随着投加量增加而增加的规律；其中在投加量为 80mg/L 时，对 NH_4^+-N 去除效果最佳达到 17.88%，在投加量为 60mg/L 时，对 TN 的去除效果最佳达到 16.52%。

综上所述，从硫酸亚铁对 COD 和 TP 的去除情况考虑，若要确保一级 A 尾水经处理达到地表Ⅳ类水标准，选择硫酸亚铁的投加量为 60mg/L，若能够保证运行效果良好，投加量为 40mg/L，就能达到地表Ⅳ类水的水质要求；硫酸亚铁的投加量为 80mg/L 时，达到地表Ⅲ类水的水质要求。

③ 氯化铁混凝效果的研究。氯化铁中的 Fe^{3+} 离子对混凝起主要作用，Fe^{3+} 通过水解反应和聚合反应，生成一系列具有较长线型结构的多核羟基络合物。尾水中磷酸根离子的存在，会改变一部分 Fe^{3+} 离子的水解路径，Fe^{3+} 与 OH^- 和 PO_4^{3-} 之间亲和力较强，进而使水中产生 $Fe_{2.5}PO_4(OH)_{4.5}$ 等难溶性的络合物。铁盐水解产生的多核羟基络合物通过吸附、交联、架桥等作用，使胶体颗粒发生凝聚，同时带正电荷的金属离子中和水中胶体颗粒和污染物电荷，压缩胶体的双电层，降低胶体的 ξ 电位，使胶体脱稳，相互黏附形成具有较大比表面积、沉降性能较好的絮体。絮体再通过沉淀作用从水中分离出来，在此过程中磷和 COD 都有很好的去除效果，但沉淀絮体比较蓬松，泥量也比较大。

试验前水样中 COD 浓度平均值为 35.79mg/L，氯化铁对 COD 的去除效果如图 2-39 所示。

从图 2-39 中可以看出，在氯化铁的投加量为 20mg/L 时，COD 浓度为 27.33mg/L，达到了地表Ⅳ类水的水质要求，当投加量为 60mg/L 时，便能达到地表Ⅲ类水的水质要

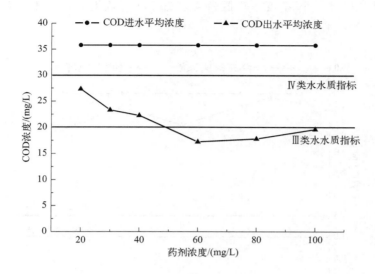

图 2-39　氯化铁对 COD 的去除效果

求，COD 浓度为 17.25mg/L。

试验前水样中 TP 浓度平均值为 0.457mg/L，氯化铝对 TP 的去除效果如图 2-40 所示。

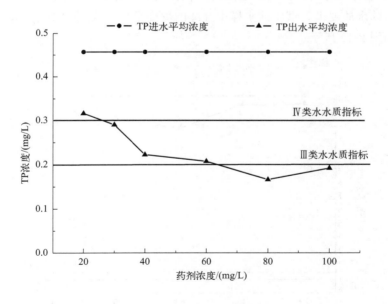

图 2-40　氯化铁对 TP 的去除效果

从图 2-40 中可以看出，在氯化铁的投加量为 40mg/L 时，TP 浓度为 0.238mg/L，达到了地表Ⅳ类水的水质要求，当投加量为 80mg/L 时，便能达到地表Ⅲ类水的水质要求，TP 浓度为 0.172mg/L。

试验前水样中 NH_4^+-N 浓度平均值为 4.389mg/L，氯化铝对 NH_4^+-N 的去除效果如图 2-41 所示。

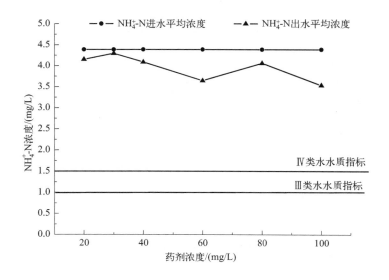

图 2-41　氯化铁对 NH_4^+-N 的去除效果

从图 2-41 中可以看出，在试验范围内氯化铁的投加量也无法使 NH_4^+-N 指标达到地表Ⅳ、Ⅲ类水的水质要求。试验前水样中 TN 的浓度平均值为 14.24mg/L，氯化铁对 TN 的去除效果如图 2-42 所示。

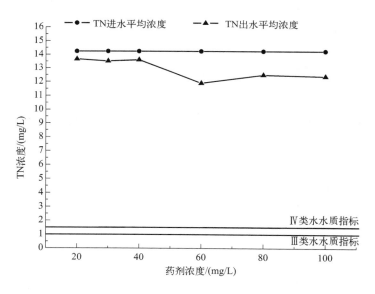

图 2-42　氯化铁对 TN 的去除效果

从图 2-42 中可以看出，在试验范围内氯化铁的投加量也无法使 TN 指标达到地表Ⅳ、Ⅲ类水的水质要求。

氯化铁对 COD、TP、NH_4^+-N、TN 的去除率如图 2-43 所示。

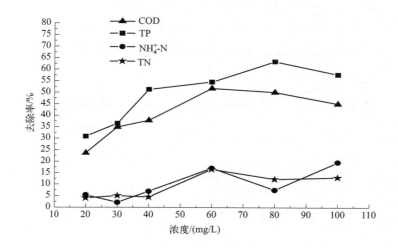

图 2-43　氯化铁 COD、TP、NH_4^+-N、TN 的去除率

从图 2-43 中可以看出，氯化铁对 COD、TP 的去除率依旧明显高于对 NH_4^+-N、TN 的去除率，对 COD、TP 的去除率大体上呈现先增长至峰值再下降的规律，二者去除率的涨幅无明显的规律；在投加量为 60mg/L 时，COD 的去除效果最佳，去除率为 51.8%；在投加量为 80mg/L 时，TP 的去除率达到 63.48%。氯化铁对 NH_4^+-N、TN 的去除率很低小于 20%，且去除率的变化无明显规律；其中在投加量为 60mg/L 时，对 NH_4^+-N 和 TN 去除效果都很好，NH_4^+-N 去除率为 17.02%，TN 去除率为 16.52%。

综上所述，从氯化铁对 COD 和 TP 的去除情况考虑，若要将一级 A 尾水处理至地表 Ⅳ类水标准，选择氯化铁的最投加量为 30mg/L；若要达到地表Ⅲ类水的水质标准，氯化铁的投加量应选择 80mg/L。

（2）高分子混凝剂投加量试验研究

根据现有的关于混凝剂除磷的试验研究，将常用的高分子混凝剂聚合硫酸铁、聚合氯化铝、聚丙烯酰胺和聚合硫酸铝铁的药剂投加量设计为 20mg/L、40mg/L、60mg/L、80mg/L、100mg/L、120mg/L，每种药剂共做 5 组试验取平均值。

① 聚合硫酸铁混凝效果的研究。聚合硫酸铁（PFS）对尾水的混凝作用，主要是依靠小分子的压缩双电层、高分子的吸附电中和以及吸附架桥作用。

试验前水样中 COD 浓度平均值为 35.15mg/L，PFS 对 COD 的去除效果如图 2-44 所示。

从图 2-44 中可以看出，在 PFS 的投加量为 20mg/L 时，COD 浓度为 23.25mg/L，满足地表Ⅳ类水的水质要求，当投加量为 80mg/L 时，COD 浓度为 18.31mg/L，能够达到地表Ⅲ类水的水质要求。

试验前水样中 TP 的浓度平均值为 0.368mg/L，PFS 对 TP 的去除效果如图 2-45 所示。

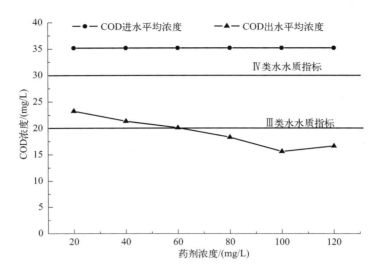

图 2-44　PFS 对 COD 的去除效果

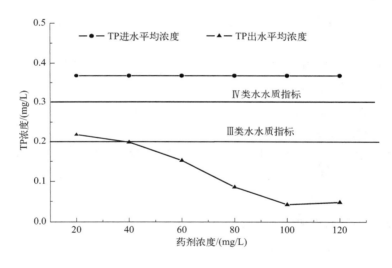

图 2-45　PFS 对 TP 的去除效果

从图 2-45 中可以看出，在 PFS 的投加量为 20mg/L 时，可以将一级 A 尾水中 TP 处理至地表Ⅳ类水的水质要求，TP 浓度为 0.218mg/L；当投加量为 60mg/L 时，TP 浓度为 0.152mg/L，能够达到地表Ⅲ类水的水质要求。

试验前水样中 NH_4^+-N 浓度平均值为 4.916mg/L，PFS 对 NH_4^+-N 的去除效果如图 2-46 所示。

从图 2-46 中可以看出，在试验范围内 PFS 的投加量无法使 NH_4^+-N 指标达到地表Ⅳ、Ⅲ类水的水质要求。

试验前水样中 TN 的浓度平均值为 14.21mg/L，PFS 对 TN 的去除效果如图 2-47 所示。

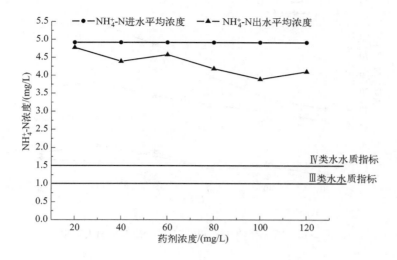

图 2-46　PFS 对 NH_4^+-N 的去除效果

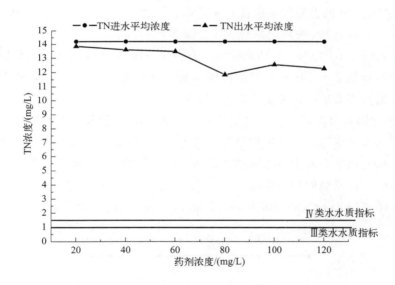

图 2-47　PFS 对 TN 的去除效果

从图 2-47 中可以看出，在试验范围内 PFS 的投加量无法使 TN 指标达到地表Ⅳ、Ⅲ类水的水质要求。

PFS 对 COD、TP、NH_4^+-N、TN 的去除率如图 2-48 所示。

从图 2-48 中可以看出，高分子混凝剂聚合硫酸铁对 TP 的去除率明显高于 COD、NH_4^+-N 和 TN，但 NH_4^+-N 和 TN 的去除率相较于 COD 去除率也存在很大的差距；虽然 COD 和 TP 去除率都呈随着投加量增加，先增加后下降的规律，但是 TP 的去除率曲线随着 PAC 投加量增加，上升的速度很快，即每组投加量对应的去除率差值很大，而 COD 的去除率增长情况相对缓慢，可以得出 PFS 投加量对 TP 去除的影响更大。PFS 对 NH_4^+-N 和 TN 的去除率虽无明显的规律，但是相较于低分子混凝剂，二者的去除率波动大致相

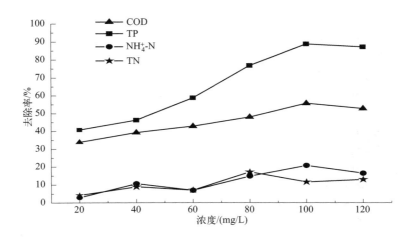

图 2-48　PFS 对 COD、TP、NH$_4^+$-N、TN 的去除率

同，只有在投加量为 100mg/L 时，去除率变化趋势有所差异。在投加量为 100mg/L 时，COD、TP 和 NH$_4^+$-N 的去除效果最佳，去除率分别为 55.56%、88.59% 和 20.75%。在投加量为 80mg/L 时，TN 去除效果最佳，去除率为 17.13%。

综上所述，对于 COD 和 TP 两大指标，若满足一级 A 尾水深度处理至地表 IV 类水的水质要求，PFS 投加量为 20mg/L 时便能够达到要求；若要 COD 和 TP 两大指标同时达到地表 III 类水的水质要求，投加量应选为 80mg/L。

② 聚合氯化铝效果的研究。聚合氯化铝（PAC）溶解于水发生混凝时，会产生单体形态、低或中以及高聚态的 3 种铝的形态。其中 Al13 的粒度约 2.5nm，会结成线性或枝状的聚集体，尺寸通常在几十与几百纳米之间。纳米级的 Al13 及其聚集体对尾水的处理主要是利用电中和以及吸附架桥作用。

试验前水样中 COD 浓度平均值为 36.48mg/L，PAC 对 COD 的去除效果如图 2-49 所示。

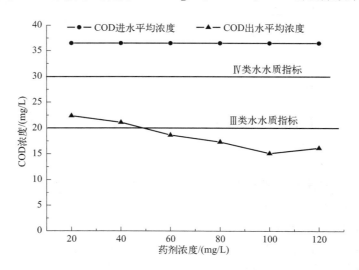

图 2-49　PAC 对 COD 的去除效果

从图 2-49 中可以看出，在 PAC 的投加量为 20mg/L 时，COD 浓度为 22.38mg/L；能够达到地表Ⅳ类水的水质要求，当投加量为 60mg/L 时，COD 浓度为 18.69mg/L，能够达到地表Ⅲ类水的水质要求。

试验前水样中 TP 的浓度平均值为 0.397mg/L，PAC 对 TP 的去除效果如图 2-50 所示。

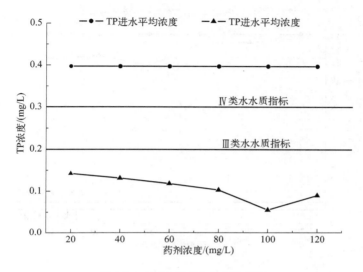

图 2-50　PAC 对 TP 的去除效果

从图 2-50 中可以看出，PAC 对 TP 的处理效果非常好，当投加量为 20mg/L 时，TP 平均出水浓度为 0.142mg/L，就已经能够达到地表Ⅲ类水的水质要求。

试验前水样中 NH_4^+-N 的浓度平均值为 4.742mg/L，PAC 对 NH_4^+-N 的去除效果如图 2-51 所示。

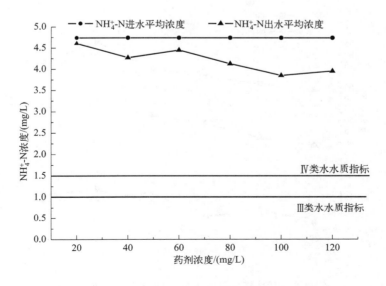

图 2-51　PAC 对 NH_4^+-N 的去除效果

从图 2-51 中可以看出，增加 PAC 的投加量依旧无法使 NH_4^+-N 指标达到地表Ⅳ、Ⅲ类水的水质要求。

试验前水样中 TN 的浓度平均值为 13.22mg/L，PAC 对 TN 的去除效果如图 2-52 所示。

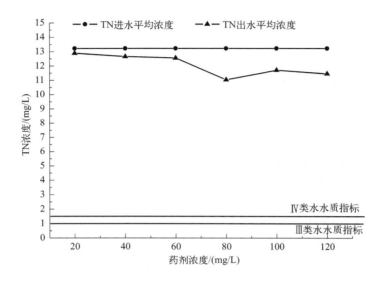

图 2-52　PAC 对 TN 的去除效果

从图 2-52 中可以看出，增加 PAC 的投加量依旧无法使 TN 指标达到地表Ⅳ、Ⅲ类水的水质要求。

PAC 对 COD、TP、NH_4^+-N、TN 的去除率如图 2-53 所示。

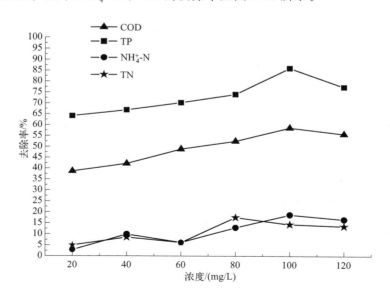

图 2-53　PAC 对 COD、TP、NH_4^+-N、TN 的去除率

从图 2-53 中可以看出，高分子混凝剂聚合氯化铝对 NH_4^+-N 和 TN 的去除效果相较于对 COD 和 TP 的去除率仍然很低，对 COD 和 TP 去除率呈随着投加量增加，先增加后下降的规律，对 NH_4^+-N 和 TN 的去除率虽无明显的规律，但二者的去除率波动大致相同，只有在投加量为 100mg/L 时，去除率变化趋势有所差异。在投加量为 100mg/L 时，COD 和 TP 的去除效果最佳，去除率分别为 58.55％和 85.87％。PAC 对 NH_4^+-N、TN 的去除率依旧很低小于 20％，其中在投加量为 100mg/L 时，NH_4^+-N 去除率最高为 18.71％，在投加量为 80mg/L 时，TN 去除率最高为 17.52％。

综上所述，PAC 对一级 A 尾水中 COD 和 TP 的去除效果极好，投加量为 20mg/L 时便能够达到地表Ⅳ类水的水质要求，投加量为 60mg/L 时，就能够达到地表Ⅲ类水的水质要求。若去除对象主要为 TP，投加量选择 20mg/L 即可。

③ 聚丙烯酰胺混凝效果的研究。聚丙烯酰胺（PAM）主要有阳离子、阴离子、非离子和两性离子四大类型，其对尾水的深度处理主要是利用吸附架桥作用。

试验前水样中 COD 浓度平均值为 34.89mg/L，PAM 对 COD 的去除效果如图 2-54 所示。

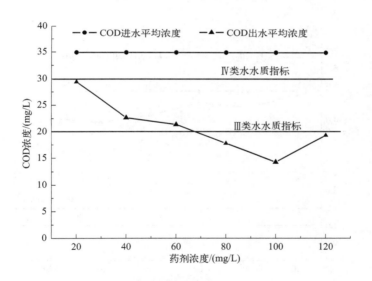

图 2-54　PAM 对 COD 的去除效果

从图 2-54 中可以看出，在投加量为 20mg/L 时，COD 平均出水浓度在 29.41mg/L，能够达到地表Ⅳ类水的水质要求，在投加量为 80mg/L 时，COD 平均出水浓度为 17.79mg/L，能够达到地表Ⅲ类水的水质要求。

试验前水样中 TP 浓度平均值为 0.426mg/L，PAM 对 TP 的去除效果如图 2-55 所示。

从图 2-55 中可以看出，PAM 对 TP 处理效果很一般，不同于之前的混凝剂，即使增大了投加量也无法使 TP 指标达到地表Ⅳ、Ⅲ类水的水质要求。

试验前水样中 NH_4^+-N 浓度平均值为 4.859mg/L，PAM 对 NH_4^+-N 的去除效果如图 2-56 所示。

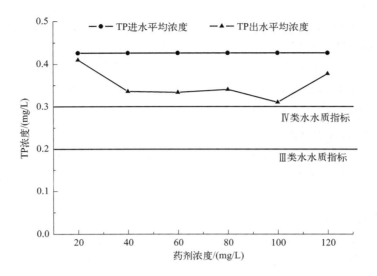

图 2-55　PAM 对 TP 的去除效果

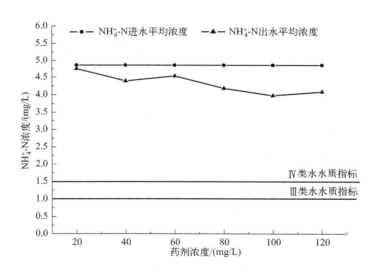

图 2-56　PAM 对 NH_4^+-N 的去除效果

从图 2-56 中可以看出，PAM 对 NH_4^+-N 处理效果很一般，即使增大了投加量也无法使 NH_4^+-N 指标达到地表 Ⅳ、Ⅲ 类水的水质要求。试验前水样中 TN 的浓度平均值为 12.55mg/L，PAM 对 TN 的去除效果如图 2-57 所示。

图 2-57 中可以看出，PAM 对 TN 处理效果很一般，即使增大了投加量也无法使 TN 指标达到地表 Ⅳ、Ⅲ 类水的水质要求。

PAC 对 COD、TP、NH_4^+-N、TN 的去除率如图 2-58 所示。

从图 2-58 中看出，PAM 对 COD 的去除效果最好，且去除率呈现随着投加量增大，

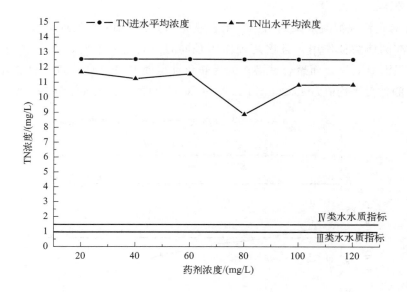

图 2-57　PAM 对 TN 的去除效果

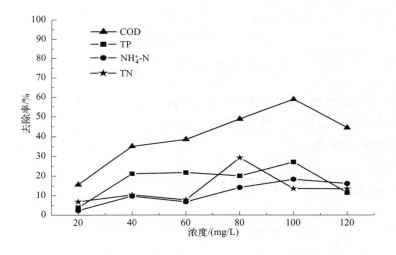

图 2-58　PAC 对 COD、TP、NH_4^+-N、TN 的去除率

先增加后下降的趋势；相较于其他混凝剂，PAM 对 TP 的去除率很低且无规律可言，这是因为 PAM 水解后生成的阴离子型水解聚合物阻碍了与水中的磷酸根离子等含磷元素的阴离子产生的吸附架桥，对絮凝产生阻碍作用；对 NH_4^+-N 和 TN 的去除效果无明显规律；在投加量为 100mg/L 时，COD、TP 和 NH_4^+-N 的去除效果最佳，去除率分别为 58.95%、27.17% 和 18.39%。在投加量为 80mg/L 时，TN 去除效果最佳去除率为 29.28%。

综上所述，PAM 作为混凝剂来处理一级 A 尾水时，只对 COD 污染物有去除效果，对 TP、NH_4^+-N 和 TN 的去除效果都很一般，无法将对应的污染物浓度降至地表Ⅳ、Ⅲ

类水的水质要求。

④ 聚合氯化铝铁混凝效果的研究。聚合氯化铝铁（PAFC）处理尾水时，主要是靠吸附架桥、沉淀网捕两种作用，且这两种作用是同时进行的。同时，聚合铁与聚合铝的互补，也会加强混凝效果，而聚合铁潜在的易转化性也使 PAFC 具有高效的混凝性能。试验前水样中 COD 浓度平均值为 35.29mg/L，PAFC 对 COD 的去除效果如图 2-59 所示。

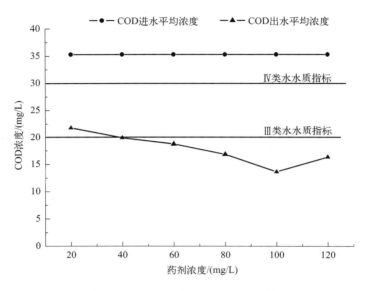

图 2-59　PAFC 对 COD 的去除效果

从图 2-60 中可以看出，在 PAFC 的投加量为 20mg/L 时，COD 浓度为 21.76mg/L，达到了地表Ⅳ类水的水质要求；当投加量为 40mg/L 时，COD 浓度为 19.92mg/L，达到了地表Ⅲ类水的水质要求。

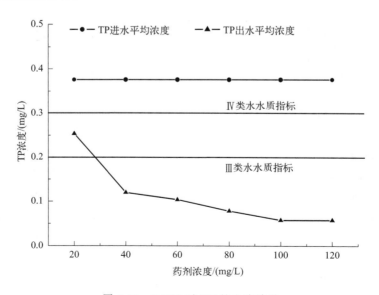

图 2-60　PAFC 对 TP 的去除效果

　　试验前水样中 TP 浓度平均值为 0.376mg/L，PAFC 对 TP 的去除效果如图 2-60 所示。

　　从图 2-60 中可以看出，在 PAFC 的投加量为 20mg/L 时，TP 浓度为 0.254mg/L，达到了地表Ⅳ类水的水质要求；当投加量为 40mg/L 时，TP 浓度为 0.120mg/L，达到了地表Ⅲ类水的水质要求。

　　试验前水样中 NH_4^+-N 浓度平均值为 4.646mg/L，PAFC 对 NH_4^+-N 的去除效果如图 2-61 所示。

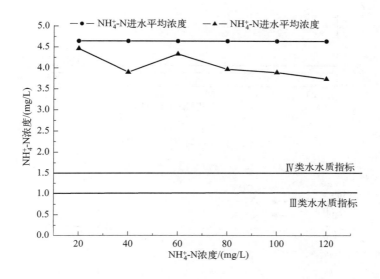

图 2-61　PAFC 对 NH_4^+-N 的去除效果

　　从图 2-61 中可以看出，在试验范围内 PAFC 的投加量无法使 NH_4^+-N 指标达到地表Ⅳ、Ⅲ类水的水质要求。

　　试验前水样中 TN 的浓度平均值为 14.39mg/L，PAFC 对 TN 的去除效果如图 2-62 所示。

　　从图 2-62 中可以看出，在试验范围内 PAFC 的投加量无法使 TN 指标达到地表Ⅳ、Ⅲ类水的水质要求。

　　PAFC 对 COD、TP、NH_4^+-N、TN 的去除率如图 2-63 所示。

　　从图 2-63 中可以看出，PAFC 对 NH_4^+-N 和 TN 的去除效果相较于对 COD 和 TP 的去除率仍然很低；在投加量超过 40mg/L 时，对 TP 的去除率明显高于 COD；对 COD 去除率呈随着投加量增加，先增加后下降的规律，对 TP 的去除率呈随着投加量增加，先增加后不变的规律，对 NH_4^+-N 和 TN 的去除率虽无明显的规律，但二者的去除率波动情况大致相同。在投加量为 100mg/L 时，COD 和 TP 的去除效果最佳，去除率分别为 61.38% 和 84.66%。PAFC 对 NH_4^+-N、TN 的去除率在投加量为 120mg/L 时达到最大，NH_4^+-N 去除率为 19.41%，TN 去除率为 16.69%。

　　综上所述，PAFC 对一级 A 尾水中 COD 和 TP 的去除效果较好，药剂投加量较少便

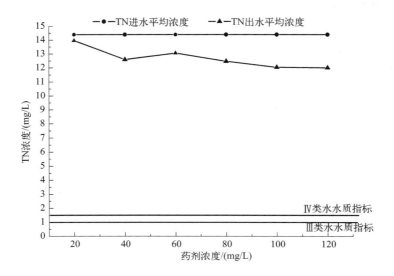

图 2-62　PAFC 对 TN 的去除效果

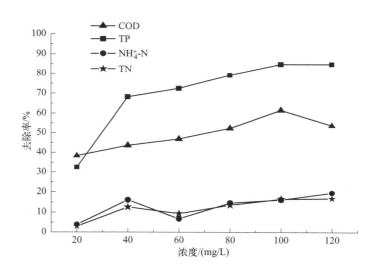

图 2-63　PAFC 对 COD、TP、NH$_4^+$-N、TN 的去除率

能达到预期效果；投加量为 20mg/L 时便能够达到地表Ⅳ类水的水质要求，投加量为 40mg/L 时，就能够达到地表Ⅲ类水的水质要求。

（3）药剂经济性分析

由于本试验为实验室的小型模型试验，探究了不同混凝剂的投加量对尾水深度处理效果的影响，故只对药剂费用进行计算。从不同药剂将尾水处理至地表Ⅲ、Ⅳ类水的难易程度进行具体分析，由于所选的全部混凝剂对 NH$_4^+$-N 和 TN 的去除效果都很差，都无法达到地表Ⅲ、Ⅳ类水的水质要求，所以在经济比较的表格中，达到地表Ⅲ、Ⅳ类水水质仅以

COD 和 TP 的浓度衡量。混凝剂经济分析如表 2-6 所示。

表 2-6　混凝剂经济分析

混凝剂种类	投加量/(mg/L)		单价/(元/t)	药剂费用/(元/m³)	
	Ⅳ类	Ⅲ类		Ⅳ类	Ⅲ类
硫酸铝	40	80	1200	4.8×10^{-2}	9.6×10^{-2}
硫酸亚铁	60	80	700	4.2×10^{-2}	5.6×10^{-2}
氯化铁	30	80	3500	10.5×10^{-2}	28×10^{-2}
聚合硫酸铁	20	80	1800	3.6×10^{-2}	14.4×10^{-2}
聚合氯化铝	20	60	1700	3.4×10^{-2}	10.2×10^{-2}
聚丙烯酰胺	—	—	12000	—	—
聚合氯化铝铁	20	40	1600	3.2×10^{-2}	6.4×10^{-2}

在对药剂进行经济分析之前，我们发现聚丙烯酰胺作为单独的混凝剂对尾水深度处理效果很不理想，各个指标几乎都无法达到要求，故在具体的经济分析中，不作详细的计算。在尾水中 COD 和 TP 两个指标的达标性能分析当中，我们可以看出，在达到地表Ⅳ类水水质标准的过程中，选用聚合氯化铝铁最省钱，处理每立方米的尾水需花费 3.2×10^{-2} 元。若想将尾水中的 COD 和 TP 处理至地表水Ⅲ类水水质标准，从价格上看，投加硫酸亚铁最省钱，但是其投加量较大为 80mg/L。而聚合氯化铝铁，虽然在价格上比硫酸亚铁高，但差别不大，每处理 1000m³ 的尾水多投入 8 元，而投加量却能减半。综合比较，将尾水中的 COD 和 TP 处理至地表水Ⅲ类水水质标准，选择聚合氯化铝铁较合理。综上技术和经济分析，选择聚合氯化铝铁作为深度处理尾水的混凝剂。

（4）小结

通过探究混凝药剂投加量对一级 A 尾水深度处理后出水水质的影响，研究对 COD、TP、NH_4^+-N、TN 的去除率以及与地表Ⅲ、Ⅳ类水水质标准的对比，得出以下结论。

① 混凝剂对 COD 和 TP 的去除率基本上呈现出随药剂投加量增加，先增加至峰值后再降低的规律。

② 投加混凝剂基本上对一级 A 尾水中 COD 和 TP 的处理效果较好，经过处理后的 COD 和 TP 指标能够满足地表Ⅲ、Ⅳ类水水质标准；对 NH_4^+-N 和 TN 的处理效果很不好，无法降低 NH_4^+-N 和 TN 浓度至小于 2mg/L，无法达到地表Ⅴ类水水质标准。

③ 对于低分子混凝剂硫酸铝、硫酸亚铁、氯化铁而言，投加量为 40mg/L 时，尾水中的 COD 和 TP 能够达到Ⅳ类水水质标准，投加量为 80mg/L 时，尾水中的 COD 和 TP 能够达到Ⅲ类水水质标准。

④ 对于高分子混凝剂聚合硫酸铁、聚合氯化铝、聚合氯化铝铁而言，投加量为 20mg/L 时，尾水中的 COD 和 TP 能够达到Ⅳ类水水质标准；要想尾水中的 COD 和 TP 能够达到Ⅲ类水水质标准，聚合氯化铝铁的效果优于聚合氯化铝优于聚合硫酸铁，分别为 40mg/L、60mg/L、80mg/L。对于聚丙烯酰胺而言，不适合单独作为混凝剂对尾水进行深度处理。

⑤ 经过技术经济分析比较，选择聚合氯化铝铁作为混凝法深度处理尾水的混凝剂较合理，将 COD 和 TP 两个指标处理至地表Ⅳ类水水质标准，每吨水需要药剂费 3.2×10^{-2} 元，处理至地表Ⅲ类水水质标准，每吨水需要药剂费 6.4×10^{-2} 元。

2.2.5　复配使用混凝剂处理一级 A 尾水效果研究

在对辽河流域断面水质的监控调查中发现，磷超标是导致断面水质不达标的常见原因之一，而在辽河流域生活污水中的磷是地表水体中磷污染的重要来源，针对磷经由生活污水被带入地表水从而引起的断面磷超标的问题，本书对生活污水中磷组分做了分析，根据磷组分的分析结果，对是否能从源头削减进入自然水体中的磷给出建议，同时选用对磷去除有针对性的复配使用混凝剂的方法，探究复配使用混凝剂的方法对污水处理厂一级 A 尾水包括 TP 指标在内的处理效果。

为了探究如何能更加经济、高效地使用混凝工艺提高一级 A 尾水的处理效果，通过复配使用有机和无机混凝剂的方法，并结合其他影响混凝效果的因素，例如混凝剂投加顺序、混凝剂投加间隔时间等，确定一个最适宜的组合搭配。试验通过对一级 A 尾水的处理，以 COD、TP 和 NH_4^+-N 去除率为考察指标，确定最优投加量。

（1）基于磷超标问题污水中磷组分分析

对生活污水中常见且容易超标的污染物磷，本书分析城镇污水处理厂进水和出水中的不同形态磷的组成和浓度占比，从污水厂来水中不同形态磷组成和占比的角度，分析磷来源，为从源头削减提出建议；从尾水角度分析，为深度处理提供参考。

我国污水中的总磷来自农业污染源、生活污染源、畜禽污染和工业污染源。其中生活污染源也就是生活污水中的磷主要有三大来源：人类排泄物、食物残渣以及合成洗涤剂。根据欧洲国家的调查，通过人类食物进入生活污水的总磷含量较为稳定，一般不变。我国人均体内排出的磷为 $0.8 \sim 1.0 \text{g/d}$，按 0.9g/d 进行估算，食物残渣和其他家庭污物的含磷量约为 0.3g，合计每人 1.2g/d。

近十几年来，我国大力倡导生产并使用无磷洗衣粉洗涤剂，对控制生活污水中的磷是有成效的。国外在推行使用无磷洗涤剂后，由洗涤剂产生的磷明显减少，也佐证了这一观点，国外生活污水中总磷的含量调查数据如表 2-7 所示。

表 2-7　国外生活污水中总磷的含量调查数据　　　　　单位：mg/L

项目	1975 年	1985 年	1989 年
来自人类食物和人体排泄物	1.9	1.9	1.9
来自洗涤剂	<1.6	3.0	1.1
合计	<3.5	4.9	3.0

① 城市污水厂废水处理工艺。城市污水处理厂进水主要是城区生活污水，采用"AAO＋沉淀"工艺，处理后水的消毒采用加氯消毒，污泥浓缩后直接外运处理，除臭采用微生物脱臭法。目前污水厂现执行一级 A 排放标准，设计日处理能力为 $4.0 \times 10^4 \text{m}^3$。

② 磷形态分析流程。水中的磷以多种形式存在，按物理形态分类可分为悬浮态磷（FP）和溶解态总磷（DTP），溶解态总磷又可分为可溶性有机磷和可溶性无机磷，其中可溶性无机磷包括正磷酸盐、亚磷酸盐、次磷酸盐，其中次磷酸盐是不易沉淀的盐，微生物无法分解，因此在污水处理中难以去除。

通过不同的预处理，比如是否消解和是否过滤，可以用钼锑抗分光光度法测得总磷（TP）、溶解性总磷（DTP）和溶解性正磷酸盐（DIP）这 3 种不同形态的磷。水样预处理方法为：首先，水样若进行消解处理，可测得总磷；若将水样经 0.45μm 的微孔滤膜过滤，可测得溶解性正磷酸盐；若将水样经 0.45μm 的微孔滤膜过滤后再进行消解处理，可测得溶解性总磷。测定水中各种磷的流程如图 2-64 所示。

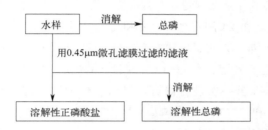

图 2-64　测定水中各种磷的流程

③ 分析结果与讨论。在 2020 年 4 月对该污水厂出水的混合水样进行磷组分测定，分析尾水中各种形态磷的分布情况如表 2-8 所示。

表 2-8　各形态磷的分布情况

项目	各形态磷的含量/(mg/L)					各形态磷含量与 TP 的比值/%			
	TP	FP	DTP	DIP	其他溶解磷	FP	DTP	DIP	其他溶解磷
进水	22.070	4.340	17.730	17.445	0.285	19.66	80.34	79.05	1.29
尾水	0.138	0.008	0.130	0.092	0.038	5.80	94.20	66.67	27.54

根据表 2-8，在进水中，溶解态总磷占进水总磷的 80.34%，悬浮态磷占进水总磷的 19.66%。进水中各种形态磷含量占总磷的密度符合以下规律：溶解性正磷酸盐＞悬浮态磷＞其他溶解态磷。在尾水中，溶解态总磷占尾水总磷的 94.20%，悬浮态磷占进水总磷的 5.80%。各种形态磷含量占总磷的密度的规律：溶解性正磷酸盐＞其他溶解态磷＞悬浮态磷。

已知，水中磷去除效果取决于总磷中占比最高的那种形态的磷的去除效果。进水和尾水中溶解态正磷酸盐含量占比分别为 79.05% 和 66.67%，都是其他形态磷含量占比的 2 倍以上，所以无论是从污水处理厂已有的生化处理工艺还是从尾水深度处理的角度，都需要针对溶解态正磷酸盐设计去除方法。混凝法通过带正电的金属离子与溶解性正磷酸盐结合形成不溶于水的絮体，再利用混凝剂大分子的特性"网捕卷扫"去除悬浮态总磷，最后将絮凝体经沉淀与水分离，达到去除总磷的目的。在生物除磷的方法中，正磷酸盐的形态也十分有利于微生物对磷的利用。

生活污水中磷的形态以正磷酸盐为主，而洗衣粉等洗涤产品中常用含磷添加剂为三聚磷酸盐，属于其他溶解磷，在进水中占比小于 1.29%。也就是说，通过将过量磷从我们日常生活中去除，尤其是从洗涤产品中去除，从而达到从源头上削减水体中磷的目的，我国努力 30 余年，已颇见成效。

从源头上削减污水中的磷可追溯到 1991 年，彼时我国废水中主要的磷元素来自使用聚磷酸盐作为表面活性剂的洗涤产品。1991 年 9 月 10 日我国首次发布《洗衣粉》（GB/T 13171—1991）标准，1997 年 5 月由原国家技术监督局发布《洗衣粉》（GB/T 13171—1997）标准，自1998 年 1 月起正式实施，这一版标准在原标准《洗衣粉》（GB/T 13171—1991）的基础上，增订了无磷洗衣粉类型；放松了成分规定，对含磷洗衣粉不具体规定聚磷酸盐含量，只要求活性物（%）、聚磷酸盐（%）和 4A 沸石（%）之和达到一基本量，三者之量可以互补变化。到2004 年再一次进行修订标准，发布了《洗衣粉》（GB/T 13171—2004）标准，比照上一版标准增加了含磷洗衣粉的"总五氧化二磷（P_2O_5）含量"的规定。2009 年 12 月 5 日，对《洗衣粉》（GB/T 13171—2004）标准再一次进行修订，将标准分为两个部分，《洗衣粉（含磷型）》（GB/T 13171.1—2009）和《洗衣粉（无磷型）》（GB/T 13171.2—2009）。直到原国家质检总局发布的《洗涤用品安全技术规范》（GB/T 26396—2011）的出台，我国洗涤用品行业才出现了首个普遍意义上的安全技术规范，该标准规定了洗涤用品的术语和定义、产品分类、要求、试验方法、检验规则。我们发现标准中定义的无磷洗衣粉（或洗衣液），并非不含有磷元素，而是总五氧化二磷质量分数小于 1.1%。标准实施至今，正规的洗衣粉（洗衣液）制造厂商已在"不含磷，寻求其他代替成分"的道路上走了很远，但不时仍会有磷超标产品流向市场，有媒体通过抽样调查指出，含磷超标洗衣粉（洗衣液）可能多由不规范的生产商和电商平台流出。

但作为表面活性剂添加在洗涤用品中的三聚磷酸盐并不是不存在于日常生活中，三聚磷酸钠以及其他磷酸食品添加剂（如磷酸、焦磷酸二氢二钠、焦磷酸钠、磷酸二氢钙等）也广泛应用在水产类食品和乳制品上作为水分保持剂、膨松剂、酸度调节剂、稳定剂、凝固剂、抗结剂使用，在水产食品上最大使用量以磷酸根（PO_4^{3-}）计 1.0g/kg，在乳制品中最大使用量以磷酸根（PO_4^{3-}）计 5.0g/kg。

所以，虽然作为常用添加剂的三聚磷酸盐，在进水中占比不超过 20%，表明来自正规渠道的洗涤产品已经不是生活污水中磷素的主要来源，但磷素还是会进入人或动物体内，最终以粪便形式排放到污水中，也就是说，排出人体的磷才是污水厂来水中的主要磷源。而动物粪便中的磷多以正磷酸盐的形式存在，可生化性较好，易于被微生物利用和资源化，所以从源头上削减磷的摄入，见效慢，在污水处理方面着重对磷进行去除是更为快速有效的方法。

（2）常规混凝剂的筛选

混凝剂根据种类不同各有优缺点以及适宜的应用范围，在众多学者的研究中，将两种或多种混凝剂依据水处理目标的不同进行不同组合，通过复配、混合或反应的方式复合使用，是当前的试验研究和很多工程实例中常见的研究方向和使用情况。这种复合使用混凝剂的方式，不但能弥补使用单一混凝剂存在的缺点和不足，而且能在一定程度上减少成本，提高处理效率。从单独使用无机混凝剂对一级 A 尾水进行处理的研究试验结果可知，单独使用无机混凝剂的去除效果仍有提升空间，主要原因是无机混凝剂无法在沉降过程中形成粒径和密度较大的絮凝颗粒，使得絮体沉降速度很慢，拖慢混凝处理效率。为达到进一步提高絮凝性能的目的，对单独使用无机混凝剂的工艺方式进行了改进。在使用无机混凝剂的同时复配使用有机混凝剂，可改善絮凝效果提高絮凝效率。

无机混凝剂中高分子混凝剂比低分子混凝剂整体去除效果更佳，无机高分子混凝剂中聚合氯化铝铁效果最好，聚合氯化铝铁在投加量大于 40mg/L 后，增大投加量对去除率的提升效果越来越小，聚丙烯酰胺作为混凝剂单独使用去除效果不佳，且在用量大于 80mg/L 后对去除率的提升不明显。

（3）混凝剂投加顺序对混凝效果的影响

不同混凝剂投加顺序对一级 A 尾水混凝效果的影响见图 2-65。

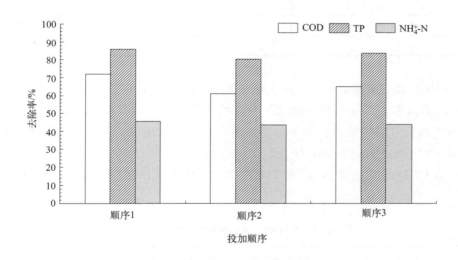

图 2-65　不同混凝剂投加顺序对混凝效果的影响

先投加 PAFC 再投加 PAM 为顺序 1，同时投加 PAFC、PAM 为顺序 2，先投加 PAM 再投加 PAFC 为顺序 3，试验过程中观察得，在絮体形成过程中，先投加 PAFC 再投加 PAM 和同时投加 PAFC、PAM 絮体较颗粒较大，先投加 PAM 再投加 PAFC 的絮体小而细碎，经沉淀后 3 种投加顺序情况下絮体总体积相似。从图 2-65 中看出，先投加 PAFC 再投加 PAM 去除效果最好去除率最高，先投加 PAM 再投加 PAFC 效果次之，同时投加 PAFC 和 PAM 两种混凝剂效果最差。

从各个指标的去除率来看（按顺序 1、2、3 排列），COD 去除率分别为 71.943%、61.169% 和 65.100%；TP 去除率分别为 85.804%、80.376% 和 83.716%；NH_4^+-N 去除率分别为 45.587%、43.568% 和 43.944%。

总的来说，在复配使用有机和无机混凝剂时，混凝剂的投加顺序对一级 A 尾水的处理效果是有影响的。试验表明，先投加 PAFC 再投加 PAM 的顺序具有最好的处理效果，其次是先投加 PAM 再投加 PAFC，同时投加 PAFC 和 PAM 两种混凝剂对一级 A 尾水中的污染物去除效果最差。

（4）无机、有机混凝剂复配正交试验

本书主要讨论两种混凝剂投加量和投加的间隔时间对去除效果的影响，选用投加顺序为先投加 PAFC 再投加 PAM，进行三因素四水平正交试验，并且采用极差分析和方差分析两种方法，对试验结果进行分析，能准确评价投加量和间隔时间对复配混凝效果的影响以及影响程度，并得到最佳用量组合，正交试验因素及水平如表 2-9 所示。

表 2-9 正交实验因素及水平

水平	间隔时间/s	PAFC 投加量/mg	PAM 投加量/mg	空列
	A	B	C	D
1	30	10	20	1
2	40	20	40	2
3	50	30	60	3
4	60	40	80	4

① 对 COD 处理效果的影响。在正交实验中，k_i 表示任一列上水平号为 $i(1,2,3,4)$ 时，每个因素（A，B，C）在不同水平号下的去除率平均值。极差表示第 j 列的极差等于第 j 列各水平对应的试验指标平均值中的最大值减最小值。例如在第间隔时间 A 列，极差 $= \max(k_1, k_2, k_3, k_4) - \min(k_1, k_2, k_3, k_4)$。

试验前 COD 平均浓度值为 48.14mg/L，COD 去除率正交试验极差分析如表 2-10 所示。

表 2-10 COD 去除率正交试验极差分析

试验组	间隔时间/s	PAFC 投加量/mg	PAM 投加量/mg	去除率/%	出水浓度/(mg/L)
	A	B	C		
1	1	1	1	23.32	36.92
2	1	2	2	46.38	25.81
3	1	3	3	53.24	22.51
4	1	4	4	57.43	20.50
5	2	1	2	35.38	31.11
6	2	2	1	37.83	29.93
7	2	3	4	58.01	20.22
8	2	4	3	67.47	15.66
9	3	1	3	43.41	27.24
10	3	2	4	64.60	17.04

续表

试验组	间隔时间/s	PAFC 投加量/mg	PAM 投加量/mg	去除率/%	出水浓度/(mg/L)
	A	B	C		
11	3	3	1	49.56	24.28
12	3	4	2	53.06	22.60
13	4	1	4	44.32	26.80
14	4	2	3	52.06	23.08
15	4	3	2	44.18	26.87
16	4	4	1	46.42	25.79
k_1	45.093	36.608	39.283		
k_2	49.673	50.218	44.750		
k_3	52.658	51.248	54.045		
k_4	46.745	56.095	56.090		
极差	7.565	19.488	16.808		
主次顺序	$B>C>A$				
优组合	$A_3B_4C_4$				

试验前 COD 平均浓度值为 48.14mg/L，COD 去除率正交试验方差分析如表 2-11 所示。

表 2-11　COD 去除率正交试验方差分析

方差来源	偏差平方和	自由度	均方	F 值	显著性
A	133.375	3	44.458	2.302	
B	838.429	3	279.476	14.472	极显著($p<0.01$)
C	749.492	3	249.831	12.937	极显著($p<0.01$)
k	100.384	3	33.461		
误差	15.487	3	5.162		

注：p 值为统计学显著性值。

极差是指最大值和最小值之差，在正交试验中指在同一因素中不同水平条件平均值的最大值和最小值之差，而极差值的大小能反映不同因素对去除效果影响的程度，由主到次极差值依次减小。如表 2-10 所示，PAFC 投加量对 COD 去除效果影响最大，极差值为 19.488；PAM 投加量对 COD 去除效果的影响次之，极差值为 16.808；间隔时间对 COD 去除效果的影响最小，极差值为 7.565。各个因素对 COD 去除率影响程度由大到小依次为：PAFC 投加量＞PAM 投加量＞间隔时间。而在试验取值范围内 PAM 和 PAFC 投加量越长对 COD 去除效果越好，间隔时间则是在 50 s 左右时对 COD 去除效果最好。

方差值则可以看出某因素对目标指标均值的离散程度，方差值越大，说明该因素离散程度越高。方差分析结果如表 2-11 所示，PAFC 投加量、PAM 投加量和间隔时间的方差分别为 279.476、249.831 和 44.458，这说明 COD 去除对 PAFC 投加量最敏感，PAM 投加量次之，对间隔时间最不敏感。以上 3 个影响因素中 p 值小于 0.01 的是 PAM 投加量和 PAFC 投加量，为极显著关系，间隔时间的 p 值大于 0.05，没有显著影响。

② 对 TP 处理效果的影响。试验前 TP 平均浓度值为 0.479mg/L，TP 去除率正交试验极差分析如表 2-12 所示。

表 2-12　TP 去除率正交试验极差分析

试验组	间隔时间/s	PAFC 投加量/mg	PAM 投加量/mg	去除率/%	出水浓度/(mg/L)
	A	B	C		
1	1	1	1	39.04	0.276
2	1	2	2	56.58	0.196
3	1	3	3	65.76	0.155
4	1	4	4	68.72	0.141
5	2	1	2	50.59	0.223
6	2	2	1	48.64	0.232
7	2	3	4	67.85	0.145
8	2	4	3	70.35	0.134
9	3	1	3	57.42	0.192
10	3	2	4	53.63	0.210
11	3	3	1	49.06	0.230
12	3	4	2	59.08	0.185
13	4	1	4	59.50	0.183
14	4	2	3	68.27	0.143
15	4	3	2	56.99	0.194
16	4	4	1	60.75	0.177
k_1	57.525	51.638	49.373		
k_2	59.358	56.780	55.810		
k_3	54.798	59.915	65.450		
k_4	61.378	64.725	62.425		
极差	6.580	13.088	16.078		
主次顺序	$C>B>A$				
优组合	$A_2B_4C_3$				

试验前 TP 平均浓度值为 0.479mg/L，TP 去除率正交试验方差分析如表 2-13 所示。

表 2-13　TP 去除率正交试验方差分析

方差来源	偏差平方和	自由度	均方	F 值	显著性
A	93.809	3	31.270	2.601	
B	362.232	3	120.744	10.044	极显著($p<0.01$)

续表

方差来源	偏差平方和	自由度	均方	*F* 值	显著性
C	616.134	3	205.378	17.084	极显著($p<0.01$)
k	3.598	3	1.199		
误差	68.534	3	22.845		

从表 2-12 中可以看出，在影响 TP 去除效果的 3 个因素中，PAM 投加量对 TP 去除效果影响最大，极差值为 16.078；PAFC 投加量对 TP 去除效果的影响次之，极差值为 13.088；间隔时间对 TP 去除效果的影响最小，极差值为 6.580。这说明各因素对 TP 影响程度由大到小排序为：PAM 投加量＞PAFC 投加量＞间隔时间。而且在试验范围内，PAFC 投加量越长对 COD 去除效果越好，PAM 投加量则是在 60mg/L 左右时对 COD 去除效果最好。

从表 2-13 看出，PAFC 投加量、PAM 投加量和间隔时间的方差分别为 120.744、205.378 和 31.270，这说明 COD 去除对 PAM 投加量最敏感，PAFC 投加量次之，对间隔时间最不敏感。以上 3 个影响因素中 p 值小于 0.01 的是 PAM 投加量和 PAFC 投加量，为极显著关系，间隔时间的 p 值大于 0.05，没有显著影响。

③ 对 NH_4^+-N 处理效果的影响。试验前 TP 平均浓度值为 4.26mg/L，NH_4^+-N 去除率正交试验极差分析如表 2-14 所示。

表 2-14　NH_4^+-N 去除率正交试验极差分析

试验组	间隔时间/s	PAFC 投加量/mg	PAM 投加量/mg	去除率/%	出水浓度/(mg/L)
	A	*B*	*C*		
1	1	1	1	11.40	4.146
2	1	2	2	14.66	3.994
3	1	3	3	31.01	3.229
4	1	4	4	32.24	3.171
5	2	1	2	12.49	4.095
6	2	2	1	17.54	3.859
7	2	3	4	23.57	3.577
8	2	4	3	29.11	3.318
9	3	1	3	14.77	3.989
10	3	2	4	20.57	3.717
11	3	3	1	16.53	3.906
12	3	4	2	25.26	3.498
13	4	1	4	18.46	3.816
14	4	2	3	11.68	4.133
15	4	3	2	22.60	3.622

续表

试验组	间隔时间/s	PAFC 投加量 /mg	PAM 投加量 /mg	去除率 /%	出水浓度 /(mg/L)
	A	B	C		
16	4	4	1	20.83	3.705
k_1	22.328	14.280	16.575		
k_2	20.678	16.113	18.753		
k_3	19.283	23.428	21.643		
k_4	18.393	26.860	23.710		
极差	3.935	12.580	7.135		
主次顺序	B>C>A				
优组合	$A_1B_4C_4$				

试验前 TP 平均浓度值为 4.26mg/L，NH_4^+-N 去除率正交试验方差分析如表 2-15 所示。

表 2-15　NH_4^+-N 去除率正交试验方差分析

方差来源	偏差平方和	自由度	均方	F 值	显著性
A	35.438	3	11.813	0.726	
B	426.091	3	142.030	8.731	显著($p<0.05$)
C	118.53	3	39.510	2.429	
k	35.067	3	11.689		
误差	62.540	3	20.847		

从表 2-14 中可以看出，在影响 NH_4^+-N 去除效果的 3 个因素中，PAFC 投加量对 TP 去除效果影响最大，极差值为 12.580；PAM 投加量对 NH_4^+-N 去除效果的影响次之，极差值为 7.135；间隔时间对 NH_4^+-N 去除效果的影响最小，极差值为 3.935。这说明各因素对 NH_4^+-N 影响程度由大到小排序为：PAFC 投加量＞PAM 投加量＞间隔时间。在表 2-15 的方差分析结果中，PAFC 投加量、PAM 投加量和间隔时间的方差分别为 142.030、39.510 和 11.813，这表明浊度去除对 PAFC 投加量最敏感，PAM 投加量次之，对间隔时间最不敏感。3 个影响因素中，PAFC 投加量对浊度去除率影响的 p 值小于 0.05，达到了显著，PAM 投加量和间隔时间的 p 值大于 0.05，没有显著影响。

④ 混凝剂复配最佳反应条件。在上面的极差分析中，虽然可以通过各因素下不同水平的指标平均值得到去除率最高的组合搭配，即 PAFC 投加 40mL，PAM 投加 80mL，投加间隔 50s。但这种判断的准确性依然不高，因为极差分析并不能检验各水平的均值是否有显著性差异。为了更准确地分析各水平因素对试验效果影响的显著性，分别对影响 COD、TP 和 NH_4^+-N 3 个指标的各个因素的不同水平均值做了差异性分析，差异性分析结果分别见表 2-16、表 2-17 和表 2-18。

表 2-16 不同因素各水平 COD 去除率均值差异性分析

水平	间隔时间/s	PAFC 投加量/mg	PAM 投加量/mg
	A	B	C
1	45.093b	36.608c	39.283c
2	49.673ab	50.218b	44.750b
3	52.658a	51.248b	54.045a
4	46.745b	56.095a	56.090a
优水平	A_2/A_3	B_4	C_3/C_4
优组合		$A_2B_4C_3$	

注:字母 a、b、c 表示多重比较的字母标记($p<0.05$ 显著性差异)。

从表 2-16 可以看出,在影响 COD 去除的 3 个因素(A、B、C)中,PAFC 投加量的最佳水平均为 4,PAM 投加量最佳水平均为 3 和 4,不同间隔时间对 COD 去除的差异性并不显著。结合去除效率和经济性,最佳的反应条件为:PAFC 投加 40mg,PAM 投加 60mg,投加间隔 40s。

表 2-17 不同因素各水平 TP 去除率均值差异性分析

水平	间隔时间/s	PAFC 投加量/mg	PAM 投加量/mg
	A	B	C
1	57.525b	51.638d	49.373c
2	59.358ab	56.780c	55.810b
3	54.798b	59.915b	65.450a
4	61.378a	64.725a	62.425a
优水平	A_2/A_4	B_4	C_3/C_4
优组合		$A_2B_4C_3$	

注:字母 a、b、c 表示多重比较的字母标记($p<0.05$,显著性差异)。

从表 2-17 可知,在 TP 去除的 3 个影响条件中,PAFC 投加量的最佳水平是 4,PAM 投加量的最佳水平是 3 和 4,间隔时间对 TP 的去除并没有显著差异。因此,确定最佳的反应条件为 PAFC 投加 40mg,PAM 投加 60mg,投加间隔 40s。

表 2-18 不同因素各水平 NH_4^+-N 去除率均值差异性分析

水平	间隔时间/s	PAFC 投加量/mg	PAM 投加量/mg
	A	B	C
1	22.328a	14.280c	16.575b
2	20.678a	16.113c	18.753b
3	19.283a	23.428b	21.643ab
4	18.393a	26.860a	23.710a
优水平	$A_1/A_2/A_3$	B_4	C_3/C_4
优组合		$A_1B_4C_3$	

注:字母 a、b、c 表示多重比较的字母标记($p<0.05$,显著性差异)。

从氨氮去除率上看，PAFC 投加量的最佳水平是水平 4，PAM 投加量的最佳水平也是 3 和 4，间隔时间的各个水平对氨氮的去除并没有显著差异。考虑到复配使用的去除效率和经济性，最佳的反应条件为 PAFC 投加 40mL，PAM 投加 60mL，投加间隔 30s。

（5）药剂经济性分析

由于本部分试验是实验室规模，故只对药剂费用进行计算。对不同药剂将尾水处理至地表Ⅲ、Ⅳ类水的难易程度进行具体分析，由于混凝剂对 NH_4^+-N 的去除效果都不好，都无法达到地表水水质要求，所以在经济和效果比较中，仅以 COD 和 TP 达到不同地表水标准来衡量。聚丙烯酰胺价格按照 12000 元/t 计算，聚合氯化铝铁价格按照 1600 元/t 计算，混凝剂经济分析如表 2-19 所示。

表 2-19   混凝剂经济分析

分类	药剂投加量/(mg/L)		间隔时间/s	最低药剂费用/(元/m³)
	聚丙烯酰胺	聚合氯化铝铁		
Ⅴ类	20	10	30	0.256
Ⅳ类	20	20	40	0.272
Ⅲ类	20	40	60	0.304

（6）小结

综上分析，利用复配使用混凝法处理一级 A 尾水，对 COD 和 TP 都有较好的去除效果，对 NH_4^+-N 去除效果欠佳。在考虑 COD 和 TP 两者同时达标的情况下，复配混凝处理可通过调整药剂投加量，达到不同的地表水水质标准。

① 在用无机、有机絮凝剂混合复配处理一级 A 尾水时，投加顺序对处理效果有影响，先投加无机絮凝剂 PAFC 后投加有机絮凝剂 PAM 处理效果更佳；无机絮凝剂 PAFC 和有机絮凝剂 PAM 在投加时应保持一定间隔时间，投加间隔时间控制在 30～40s 为宜。

② 无机-有机絮凝剂复配使用最佳的工作条件为 PAFC 投加 40mg、PAM 投加 60mg、投加间隔 40s，最佳混凝条件下污水的 COD、TP 和 NH_4^+-N 去除率分别可达到 67.47%、70.35% 和 29.11%，此时 COD、TP 达到地表水Ⅲ类水标准，处理费用为 0.784 元/m³。

③ 基于地表水Ⅴ类水标准，此时处理费用为 0.256 元/m³，PAFC 投加 10mg，PAM 投加 20mg，投加间隔 30s；基于地表水Ⅳ类水标准，此时处理费用为 0.272 元/m³，PAFC 投加 20mg，PAM 投加 20mg，投加间隔 40s；基于地表水Ⅲ类水标准，此时处理费用为 0.304 元/m³，PAFC 投加 40mg，PAM 投加 20mg，投加间隔 60s。

2.2.6　吸附+混凝对氮处理效果研究

在人工湿地和化学混凝的试验中得出，无论是化学混凝还是改良后的人工湿地对 COD 和 TP 的去除都能够满足地表Ⅲ、Ⅳ类水水质标准的要求。在人工湿地的试验中，由于一级 A 尾水碳氮比低的特性，碳源不足成为反硝化反应的限制因素，采用生物脱氮的方式存在一定的困难，故无论是以砾石为填料基质的传统人工湿地还是以沸石、钢渣为填料基质的改良人工湿地都存在着 TN 去除效果不佳，出水 TN 浓度较高的问题。在化学混凝试验部分，混凝剂对 COD 和 TP 的去除效果较好，对 NH_4^+-N 和 TN 几乎没有处理效果，出水水质中氮的含量依旧很高。针对人工湿地对 TN 的去除效果不佳和混凝剂对 NH_4^+-N 和 TN 处理效果不佳的问题，参考国内外的大量研究，认为利用吸附剂来去除 NH_4^+-N 和 TN 污染物的方法较为可行，主要是源于吸附剂自身巨大的比表面积及大量的孔隙结构，可实现对吸附质的强烈吸附，因而吸附法可作为去除污水中氮的一种重要的物理化学方法，并且具有操作简单、高效快速、使用方便、无二次污染、可再生等优点。所以本部分试验主要是选取对一级 A 尾水吸附性能佳的吸附剂，然后确定适合的投加量，最后与之前化学混凝试验部分得出的最佳混凝剂联合使用，使吸附与混凝共同作用来处理一级 A 尾水，探究二者联合作用对 NH_4^+-N 和 TN 的处理效果。

（1）制备吸附剂——改性竹炭

① 选择吸附剂种类。运用在水处理技术中的吸附剂主要有生物炭类、无机物矿石类和工业矿渣类。生物炭类主要是指有机材料在缺氧或者是厌氧的环境下，经高温裂解产生的富含碳素的固态物质，其中竹炭在水处理技术中应用广泛。颜湘波等采用硝酸来改性竹炭，提升了其对 NH_4^+-N 的吸附率，陈靖等用 $MgCl_2$ 溶液和 $FeCl_3$ 溶液对竹炭进行改性，并得出在污水中含磷的情况下，对 NH_4^+-N 的吸附量显著增加。无机物矿石类主要有沸石、凹凸棒石、膨润土、蛭石和高岭土等，在人工湿地试验部分可以看出沸石对 NH_4^+-N 的吸附效果很好，但是对 TN 的吸附效果不理想。凹凸棒石、蛭石、膨润土和高岭土在大量污水处理的试验研究中主要是以吸附 NH_4^+-N 为主。工业矿渣类主要有水淬渣、粉煤类和煤矸石，在水处理技术的应用中也主要是研究对 NH_4^+-N 的吸附性能。

在化学混凝试验和人工湿地试验中，尤其是人工湿地试验中，我们发现对 TN 的去除困难程度要远大于对 COD、TP 和 NH_4^+-N 的去除难度，所以去除 TN 中硝态氮的成分是降低尾水中 TN 含量的难点。宋相松通过硝酸钾配制含硝态氮的废水，并向其中投加竹炭，得出在投加量为 7g/L 时，吸附作用对硝态氮的去除率最高，能够达到 50% 以上。所以可以得出竹炭对硝态氮有一定的吸附能力，对降低尾水中 TN 的含量能够起到作用，可以选择竹炭作为吸附剂进行试验。但竹炭在对 NH_4^+-N 的去除效果上并不理想，通常是将其改性以增强吸附能力，而常见的改性方法包括表面氧化改性和负载铁或铁的氧化物等方式。综合考虑决定利用负载铁的方式将竹炭进行改性，然后应用于本部分试验中。

② 制备改性竹炭。试验选用竹炭产地为贵州，粒径在 $1\sim2mm$，使用前冲洗 $2\sim3$ 次，冲洗过后，将烘箱调制 105℃，直至竹炭烘干，以备改性使用。将 100g 烘干的竹炭放入烧杯中，加入浓度为 1mol/L 的 $FeCl_3$ 溶液，并调节溶液 pH 值，使其为偏碱性，充分搅拌，浸泡 2h 后过滤数次，然后再在 105℃ 的烘箱内烘干，取出冷却，改性竹炭制作完成，密封保存，以备后续试验使用。

（2）改性竹炭最佳投加量试验研究

试验用水选用出水标准为一级 A 的污水处理厂二沉池的出水，选定改性竹炭的投加量为 1g/L、3g/L、5g/L、7g/L、9g/L、11g/L，分别投入 6 个烧杯中，选择搅拌的水力条件为：先以 300r/min 的速度快速搅拌 1min，再以 80r/min 慢速搅拌 75min，待搅拌结束静沉 15min。静沉结束后，水样经 $0.45\mu m$ 滤膜过滤，开始测数。共做 5 组试验取进出水的平均值及去除率。

① 改性竹炭对 NH_4^+-N 处理情况。进水 NH_4^+-N 平均浓度为 4.337mg/L，不同改性竹炭投加量对 NH_4^+-N 的去除效果如图 2-66 所示。

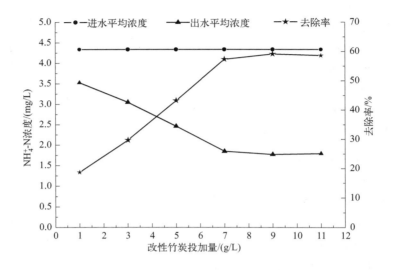

图 2-66 不同改性竹炭投加量对 NH_4^+-N 去除效果

从图 2-66 中可以看出，随着改性竹炭投加量的增加，对 NH_4^+-N 吸附去除率逐渐增加，当投加量大于 7g/L 时，改性竹炭对尾水中 NH_4^+-N 的吸附去除率趋于稳定，去除率达到 57.35%，虽然后续随着吸附剂投加量的增加，去除率也增大，但是增大幅度甚微，可忽略不计，所以认为从对 NH_4^+-N 的吸附效果上来看，选取改性竹炭的投加量为 7g/L 即可。

② 改性竹炭对 TN 处理情况。进水 TN 平均浓度为 13.59mg/L，不同改性竹炭投加量对 TN 的去除效果如图 2-67 所示。

从图 2-67 中可以看出，当改性竹炭的投加量大于 5g/L 时，改性竹炭对尾水中 TN 的吸附去除率虽有略微的波动，但整体趋于稳定，去除率达到 65.24%，可以认为在吸附尾水中 TN 时，选取改性竹炭的投加量为 5g/L 即可。

综上所述，为了保证改性竹炭对尾水中 NH_4^+-N 和 TN 的吸附去除效果都达到最佳，选取改性竹炭的投加量为 7g/L。

（3）吸附+混凝对尾水中 NH_4^+-N 和 TN 的去除效果

从混凝剂处理尾水试验和药剂经济分析中可知，聚合氯化铝铁作为混凝法深度处理尾水的混凝剂较合理，所以在本部分试验中，选择聚合氯化铝铁作为与改性竹炭共同使用的混凝剂。由于聚合氯化铝铁投加量对 NH_4^+-N 和 TN 去除效果的影响并没有很明显的规律，去除率都相对偏低，但在投加量在 40mg/L 的时候，去除率相对较高且药剂投加量不多，所以在本部分试验中，选取聚合氯化铝铁的投加量为 40mg/L。

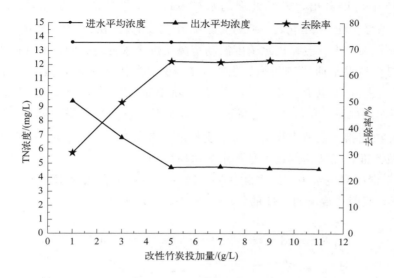

图 2-67　不同改性竹炭投加量对 TN 处理效果

药品的种类及投加量确定下来了，但是试验的水力条件还待定。经过分析，从之前的试验中可以看出吸附剂对 NH_4^+-N 和 TN 的去除情况要比混凝剂好很多，并且吸附剂种类、吸附剂投加量、混凝剂种类、混凝剂投加量、水质以及水力条件对试验的影响呈递减的规律，所以最终在本部分试验中，选取的水力条件为适宜改性竹炭的，即先以 300r/min 的速度快速搅拌 1min，再以 80r/min 慢速搅拌 75min，待搅拌结束静沉 15min。在静沉 15min 结束后，用注射器抽取一定量的水样，进行测数。试验共做 10 组。

① 吸附＋混凝对尾水中 NH_4^+-N 去除效果。改性竹炭和聚合氯化铝铁联合使用对尾水中 NH_4^+-N 进行处理，吸附＋混凝对 NH_4^+-N 的处理效果如图 2-68 所示。

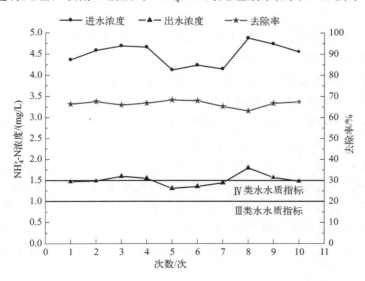

图 2-68　吸附＋混凝对 NH_4^+-N 的处理效果

从图 2-68 中可以看出，未经处理的水样 NH_4^+-N 平均浓度为 4.501mg/L，处理后 NH_4^+-N 平均浓度为 1.508mg/L，平均去除率为 66.53%。在 10 次试验中，进水 NH_4^+-N 浓度波动较出水来说大一点，出水浓度波动情况受进水浓度的影响，曲线的走势虽然较平缓，但高低起伏与进水曲线较相似。去除率在 66.53% 上下波动，最大去除率能够达到 68.27%，最小去除率也有 63.14%，整体去除率都比较高，且高于聚合氯化铝铁对 NH_4^+-N 的最高去除率 19.41%，也高于改性竹炭对 NH_4^+-N 最高去除率 59.14%。处理后的 NH_4^+-N 浓度指标在地表 Ⅳ 类水的水质标准 1.5mg/L 上下波动，勉强能够达到地表 Ⅳ 类水的水质标准，无法达到地表 Ⅲ 类水的水质标准。

② 吸附＋混凝对尾水中 TN 去除效果。改性竹炭和聚合氯化铝铁联合使用对尾水中 TN 进行处理，吸附＋混凝对 TN 的处理效果如图 2-69 所示。

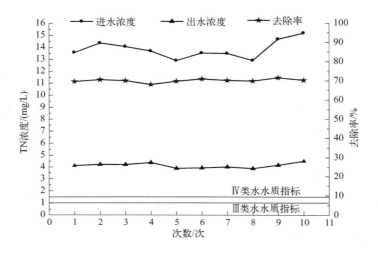

图 2-69　吸附＋混凝对 TN 的处理效果

从图 2-69 中可以看出，试验前水样中 TN 的平均浓度为 13.82mg/L，经过改性竹炭和聚合氯化铝铁共同作用后，处理后的水样 TN 平均浓度为 4.134mg/L，平均去除率为 70.77%。TN 的进水浓度曲线波动幅度相较于出水浓度曲线大一点，出水情况比较平稳。去除率在 70.78% 上下波动，但幅度不大，去除率最高能够达到 71.56%，最低的去除率为 67.98%。从去除率来看，改性竹炭和聚合氯化铝铁的去除效果很好，且高于聚合氯化铝铁对 TN 最高去除率 16.69%，也高于改性竹炭对 NH_4^+-N 最高去除率 66.01%。但是从出水水质来看，即便是 TN 出水浓度最低值 3.884mg/L，能够满足地表准 Ⅳ 类水水质标准，也依旧无法满足地表 Ⅴ 类水水质的要求。吸附＋混凝对 TN 的去除效果，没有达到预期降至地表 Ⅳ、Ⅲ 类水水质标准的目标，这可能主要是由于 TN 污染物含量基数较大、种类较多，其中能被处理的污染物占所有污染物的百分比没有达到 90% 以上，所以那些无法被去除的污染物浓度还是无法低至 1.5mg/L 以下，达不到地表水 Ⅳ、Ⅲ 类水水质标准。

（4）小结

通过选择适当的吸附剂竹炭，并对其进行改性，探究改性竹炭在处理尾水中 NH_4^+-N 和 TN 污染物时的投加量，再在最佳投加量的基础上选取最佳的混凝剂聚合氯化铝铁联合使用，探究吸附和混凝共同作用对尾水中 NH_4^+-N 和 TN 的去除情况，得到如下结论。

① 改性竹炭对尾水 NH_4^+-N 和 TN 污染物的去除效果较好，最佳投加量选为 7mg/L。

② 投加量选为 7mg/L 的改性竹炭和投加量选为 40mg/L 的聚合氯化铝铁共同作用，对尾水中 NH_4^+-N 和 TN 的处理效果，比单独采用吸附法或混凝法处理效果好。经过尾水处理后，对 NH_4^+-N 的去除率达到 66.53%，出水平均浓度在 1.5mg/L 左右波动，勉强达到地表Ⅳ类水水质标准；对 TN 去除率达到 70.77%，TN 出水平均浓度为 4.134mg/L，无法达到地表Ⅴ类水水质标准，但能够满足地表准Ⅳ类水水质标准。

2.3
建昌县污水处理厂尾水深度处理案例

2015 年 4 月 16 日发布且实施的《水污染防治行动计划》（简称"水十条"）中要求，到 2020 年，辽河作为七大重点流域之一水质优良（达到或优于Ⅲ类）比例应总体达到 70% 以上。也就是说，辽河流域内断面不但面临着水质考核达标的考验，而且需要在一定时间内做出效果，确保断面达标。

本书以辽河流域的大凌河王家窝棚国控断面为例，针对断面达标的要求提出系统的改进和治理方案。

2.3.1　断面水环境现状

王家窝棚断面作为大凌河国控断面，按照政府规定，其断面水质必须达到地表水Ⅲ类水标准。在王家窝棚断面上游 5km 设有一座城镇生活污水处理厂，污水厂处理后尾水直接排入断面所在河流大凌河，经 5km 河道自然降解，就会流过王家窝棚断面。王家窝棚断面 9 个月的水质监测数据如表 2-20 所示。

表 2-20　王家窝棚断面 9 个月的水质监测数据　　　　　　　　单位：mg/L

采样时间	TP	COD	NH_4^+-N	TN	流量/(m^3/s)
1 月	0.13	23.6	1.18	1.3	2.16
2 月	0.33	24.6	1.34	1.41	1.52
3 月	0.14	21.7	1.25	1.3	0.63
4 月	0.3	22.2	1.26	1.5	0.3
5 月	0.39	16.6	1.38	1.5	0.4
6 月	0.426	25.5	1.23	1.41	0.8
7 月	0.382	26.3	1.15	1.36	0.5

续表

采样时间	TP	COD	NH_4^+-N	TN	流量/(m^3/s)
8 月	0.27	26.5	1.24	1.4	0.4
9 月	0.21	25.5	1.18	1.36	15.6

从表 2-20 中可以看出王家窝棚断面除 TP 外，NH_4^+-N、TN 和 COD 均能稳定达到《地表水环境质量标准》Ⅳ类水标准。由此可见断面达到Ⅳ类水的主要影响因子是总磷。

大凌河建昌县城区段沿水上公园两岸修建污水主管网 11.56km，将原直排污水全部截留；同时下游污水处理厂完成提标改造工程，提升了污水厂入河水质。因此，王家窝棚断面水质提升显著。由表 2-21 可知，目前王家窝棚断面各项主要考核指标均能稳定达到《地表水环境质量标准》（GB 3838—2002）Ⅳ类水标准。

表 2-21 大凌河王家窝棚断面监测数据 单位：mg/L

采样时间	COD	NH_4^+-N	TP
1 月 5 日	18.3	1.13	0.28
2 月 23 日	12	0.85	0.28
3 月 19 日	19	0.82	0.27
4 月 17 日	21	1.38	0.24
5 月 17 日	20	0.91	0.26
6 月 19 日	19	1.14	0.25
7 月 18 日	17	0.95	0.26
8 月 15 日	13	0.47	0.26
9 月 18 日	13	0.71	0.26
10 月 15 日	8	0.45	0.22
11 月 15 日	11	0.29	0.27
12 月 18 日	9	0.56	0.27

2.3.2 污水处理厂对国控断面污染的贡献

（1）水力负荷对断面的贡献率

由于建昌城区段进行建兴桥施工，宫山咀水库未对大凌河释放生态水。大凌河王家窝棚断面主要来水为污水处理厂出水，4～7 月建昌县污水厂对王家窝棚水量的贡献分别为 89.3%、80%、62.5%、71.4%。5～7 月正是断面超标的 3 个月，4 月份断面虽然没有超标，但总磷浓度正好为 0.3mg/L，介于超标临界点上。1 月、2 月、3 月中，2 月份王家窝棚断面流量中污水厂出水占比最大，达到 53.3%，2 月份也是断面超标的月份。由此可见断面超标月份，均为大凌河自然径流量较小的月份。建昌污水厂排水占王家窝棚断面水量比例见表 2-22。去掉一个比例最高值，去掉一个比例最低值，1～7 月建昌污水厂排水占王家窝棚断面水力负荷的平均值为 57.64%。

表 2-22　建昌污水厂排水占王家窝棚断面水量比例

日期	1 月	2 月	3 月	4 月	5 月	6 月	7 月
污水厂/(m³/h)	1298	1147	1208	1125	1152	1125	1285
王家窝棚/(m³/h)	7776	2268	5472	1260	1440	1440	1800
比例/%	16.7	53.3	21	89.3	80	62.5	71.4

建昌县降水和宫山咀水库同时放水后，支流汇入流量稳定，污水厂出水变化不大。因此，建昌县污水厂排水量占王家窝棚断面水力负荷与之前相当，平均值为 50%～60%。

（2）污染负荷对断面的贡献率

从图 2-70 中可以看出，除 5 月外，王家窝棚断面总磷浓度与污水处理厂排放总磷浓度呈正相关。1 月 4 日，王家窝棚断面流量为 186600m³/d，断面日总磷量为 24.25kg；建昌县污水处理厂处理量为 $3.11×10^4$ m³/d，排水中含总磷 17.42kg，污水处理厂排水对断面总磷的贡献率为 71.8%。5 月 3 日，王家窝棚断面流量为 34560m³/d，断面日总磷量为 13.48kg，建昌县污水处理厂处理量为 27650m³/d，日排水中含总磷 9.2kg，污水处理厂排水对断面总磷的贡献率为 68.2%。1 月至 7 月，建昌污水厂排水占王家窝棚断面总磷污染负荷大于 68%。

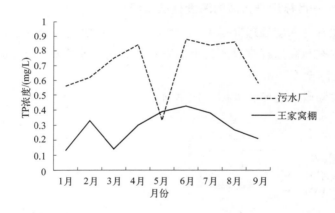

图 2-70　一年内王家窝棚断面与污水厂排水总磷浓度对比

由此可见，无论从水力负荷分析，还是从污染负荷分析，建昌县污水处理厂为大凌河王家窝棚断面总磷超标的主要原因。基于断面达标要求，势必要对建昌县污水处理厂尾水水质进行提升，才能保证王家窝棚断面水质达标。

2.3.3　断面达标技术方案

从王家窝棚断面水环境现状和污染现状分析可以看出，除了 5 月上游宫山咀水库对大凌河释放生态水的情况，建昌县污水处理厂出水是影响王家窝棚断面达标的主要原因，1 年后也无法达到《地表水环境质量标准》（GB 3838—2002）中Ⅲ类水标准，主要影响因子是总磷。

　　污水厂上游来水 TP 平均值为 0.19mg/L，污水厂排水量与王家窝棚断面径流量平均比例在 50%～60% 之间。经计算，必须将污水厂出水 TP 降至 0.2mg/L 以下，才能确保上游来水与污水厂排水混合后断面 TP 低于 0.2mg/L，在枯水期污水厂排水量占径流量近 90% 的情况下，污水厂出水总磷需降至 0.14mg/L，才能确保王家窝棚断面达到地表水 Ⅲ 类水标准。

　　所以方案分为两部分，第一阶段为污水厂深度除磷工程，将对磷去除效果显著的化学混凝工艺与高速纤维过滤技术结合，在现有提标改造工程基础上，通过优选混凝剂种类、优化混凝剂投加量、筛选适宜助凝剂，强化污水厂尾水中磷和混凝剂的沉淀反应，将污水中的溶解性磷转化为磷酸盐沉淀，连同 SS 一起形成较大絮体颗粒，经过原沉淀、砂滤工艺后，增加高速纤维过滤，通过强化截留 SS，达到对磷的高效去除，将出水 TP 的质量浓度控制到 0.2mg/L。

　　第二阶段为污水厂尾水人工生态滤床净化工程。为进一步降解水体的 COD、氮、磷等污染物，在第一阶段污水处理厂原位深度除磷工程完成后，污水厂出水 TP 指标可控制在 0.2mg/L，第二阶段在污水厂出水后重新建设人工生态滤床。人工生态滤床内填充钢渣、砾石，将污水厂尾水引入湿地中，通过钢渣的物理、化学吸附作用，使 TP 进一步降低至 0.2mg/L 以下。

（1）阶段一——目标污染物磷的深度处理工程

　　本方案建议在现有深度处理混凝-沉淀-砂滤工艺的基础上，后续增加高速纤维过滤单元，将化学除磷工艺与高速纤维过滤技术结合，达到对尾水中磷和 SS 的高效去除，将出水 TP 的质量浓度降至 0.2mg/L。

　　阶段一的深度除磷工艺流程如图 2-71 所示。

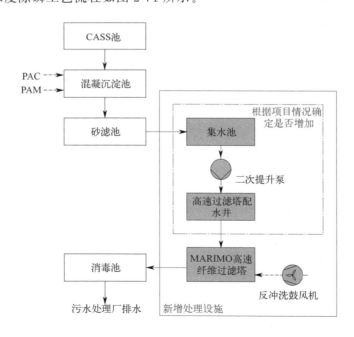

图 2-71　深度除磷工艺流程

周期循环活性污泥法（CASS）池出水进入现有混凝沉淀池，投加足够量（过量）的除磷药剂，如 PAFC 等，使水中残留的溶解性总磷全部转化为磷酸盐沉淀；磷酸盐沉淀将以 SS 的形式存在，经过现有沉淀池和砂滤池去除大部分 SS 后，再经过高速纤维过滤装置过滤进一步降低 SS 排放浓度至 5mg/L 以下，最终排水 TP 浓度达到 0.2mg/L 排放要求。

具体应用情况如下。

污水除磷技术主要包括生物除磷和化学除磷两大类。化学除磷一般受进水水质的影响较小，除磷效果稳定，混凝剂中的金属离子进入水中与需要被去除的磷酸盐结合形成沉淀，然后通过固液分离来去除水中的磷，受各种因素影响较小。与之相比，影响生物除磷的因素有很多，比如水中 C/P 比、BOD 负荷、厌氧段的 NO_3^- 浓度、厌氧与好氧段的溶解氧比以及污泥龄等等因素，这些影响因素都会造成出水水质的不稳定，从而使生物除磷技术很难稳定地保证出水水质要求。

相比无机低分子混凝剂，使用无机高分子混凝剂的絮凝体形成速度快，颗粒更为饱满，这就使得絮体沉淀时间更短，也就更容易吸附水中的胶体颗粒物，使形成的磷酸盐沉淀物沉降更完全。也因此无机高分子混凝剂拥有较好的除磷效果。

对建昌县污水处理厂出水中的磷组成进行分析，发现建昌县污水处理厂出水中的有机磷浓度约为 0.06mg/L，约占 TP 的 18%。对建昌县污水厂出水进行混凝烧杯试验，复配使用混凝剂 PAFC 和 PAM。其中，PAFC 饮用级，Al_2O_3 含量 29%，配制质量浓度 10%；PAM 配制质量浓度 0.1%，投加量均采用 0.5mg/L。污水厂出水混凝烧杯试验结果如表 2-23 所示。

表 2-23 污水厂出水混凝烧杯试验结果

项目	1 号试验	2 号试验	3 号试验
原水[①]量/mL	500	500	500
原水 TP/(mg/L)	0.35	0.35	0.35
原水溶解性 TP/(mg/L)	0.25	0.25	0.25
PAFC 添加量/(mg/L)	8.95	9.94	11.93
Al/P 投加摩尔比	4.5	5	6
PAM/(mg/L)	0.5	0.5	0.5
上清液[②]TP/(mg/L)	0.09	≤0.08	≤0.08
上清液无机磷[③]/(mg/L)	≤0.05	未检出	未检出
TP 去除率/%	73	77	77

① 原水指建昌县污水处理厂出水。
② 混凝反应沉降 30min 取上清液。
③ 未经消解直接测量的 TP 值视为无机磷。

根据试验结果分析如下。

① 投加 PAFC 和 PAM，可使绝大部分溶解性 TP 转化为磷酸盐沉淀，说明目前污水处理厂出水中有机磷含量较低，在二级生化处理过程中有机磷转化为无机磷较为彻底。

② 污水厂现有混凝沉淀系统中使用的 PAFC 投加量不足，或 PAFC 有效成分含量低，杂质多（部分 PAFC 产品本身就含有较高的磷）；当原水 TP 浓度较低时，需要更换混凝

剂，并提高 PAFC 投加量，建议采用 Al/P＝4.5 的投加摩尔比。

③ 混凝反应后，TP 去除率大于 70％。当出水 TP 为 0.35mg/L 时，混凝反应后溶解性 TP（无法通过过滤去除的磷）约为 0.1mg/L，其他 TP 均以磷酸盐沉淀（SS）的形式存在，因此为了保证达到 0.2mg/L 的 TP 排放要求，需提高 SS 的去除率。

因此，本方案建议在现有污水厂深度处理的混凝工艺单元采取优选混凝剂种类、优化混凝剂投加量、筛选适宜助凝剂等技术手段以强化污水中磷和混凝剂的沉淀反应。工程中采用的混凝剂、助凝剂及混凝条件（pH 值、搅拌速度），需通过试验确定最优絮凝沉淀条件。在实际应用中，化学因素（溶度积、pH 值）和物理因素（温度、搅拌、流体力学）共同作用对絮凝效果也有显著影响，方案实施中需要根据水质及环境因素进行试验，来指导控制实际的运行参数。

高速纤维过滤技术：混凝沉淀后需要通过过滤作用将微小的磷絮体截留下来，过滤单元对絮体的截留效果直接影响系统的除磷效果。

纤维填充剂具有很大的比表面积和孔隙率，因此它们的纳污能力很强，压头损失小，并且具有价格低廉的优点。当水流过纤维过滤材料层时，滤材料层通过拦截、惯性扩散、沉降、范德华力、静电力和吸附作用捕集污垢。因为纤维过滤介质的材料是有机的，所以纤维过滤介质对有机物的吸附作用比石英砂等无机过滤介质要强得多，因此这种过滤介质的形成主要依靠分子间力来吸附颗粒。

本工程中使用的高速纤维过滤器采用热固化成型的柱状纤维颗粒材料的高效过滤装置。高速纤维过滤塔采用热固成型颗粒状纤维滤料，材质为聚酯树脂。无需定期更换滤料，实际工程验证纤维滤料使用寿命可达 20 年，年补充量小于 1％。此装置采用重力式深层过滤，设计过滤速度 1000～1500m/d，过滤效率高，系统具有水头损失小、反冲洗水量少、占地面积小、SS 去除率高、运行自动化程度高、运行和维护成本低的特点。纤维过滤技术与普通砂滤技术对比如表 2-24 所示。

表 2-24　纤维过滤技术与普通砂滤技术对比

项目	高速纤维过滤技术	砂滤技术
过滤速度/(m/d)	1000	200～300
SS 捕捉量/(kg SS/m³)	6	4
过滤后的水中 SS 含量/(mg/L)	5 以下	8 以下
SS 去除率/%	50～80	40～70
安装面积	砂滤技术的 1/2～1/3	—
运行维护费	与砂滤技术相当	—

微絮凝＋高速纤维过滤除磷效果：PAFC 作为混凝剂进入水中后，有一部分的 PAFC 与水中的可溶性磷酸根结合形成沉淀，与此同时，PAFC 迅速水解形成络合物，对水中的悬浮颗粒和胶体进行吸附，最终被后续的纤维过滤工艺从水中截留出去。

不同 PAFC 浓度下的 TP 去除效果如图 2-72 所示。

通过图 2-72 可知，在 PAFC 投加量为零时，原有工艺对 TP 的去除率为 54.32％，随着 PAFC 投加浓度增加，TP 的去除率也增加，当投加 PAFC 浓度为 12mg/L 时，TP 去除率达到最大 88.64%。此时，出水 TP 浓度均低于 0.1mg/L，满足目标水质要求。

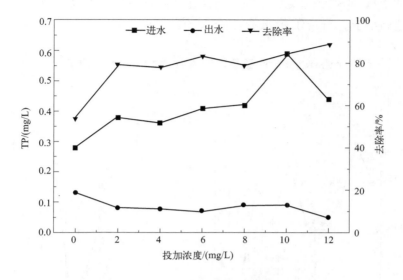

图 2-72　不同 PAFC 浓度下的 TP 去除效果

6mg/L PAFC 和不同浓度 PAM 的 TP 去除效果如图 2-73 所示。

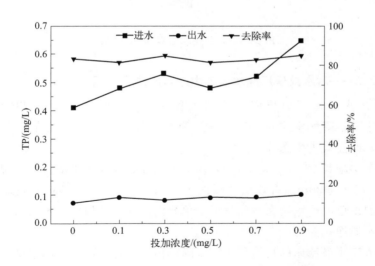

图 2-73　6mg/L PAFC 和不同浓度 PAM 的 TP 去除效果

　　通过图 2-73 可知，将 PAFC 与 PAM 联用，对于 TP 的去除效果较稳定，投加不同浓度 PAM 后 TP 去除率变化不大，保持在 83%～85% 之间。投加不同浓度的 PAM 对 TP 的去除效果改善不明显，这是因为水中的 TP 和 SS 浓度过低，混凝除磷的能力已接近极限。而且，PAM 作为有机高分子混凝剂，若添加过量，会使水变得黏稠，不利于通过后续的高速纤维过滤装置。

针对污水处理厂深度处理的除磷需求，开展了絮凝-沉淀-高速纤维过滤除磷中试研究。研究结果表明，在除磷药剂投加量充足的条件下，溶解性总磷基本转化为磷酸盐沉淀。过滤出水总磷与 SS 关系见图 2-74。当高速纤维过滤装置出水 SS 小于 5mg/L，过滤出水 TP 可达到小于 0.2mg/L 的水平。

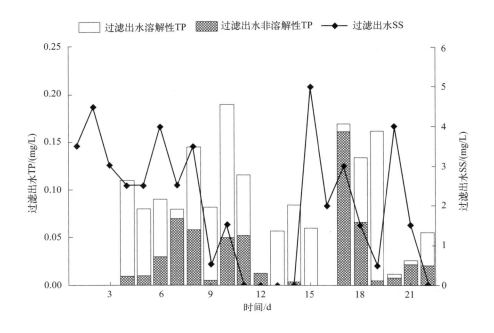

图 2-74　过滤出水总磷与 SS 关系

（2）阶段二——污水处理厂尾水人工生态滤床建设工程

第一阶段污水处理厂原位深度除磷工程完成后，污水厂出水 TP 指标可控制在 0.2mg/L，为进一步降解水体的 COD、氮、磷等污染物，第二阶段在污水厂出水后的原有人工湿地处，改建人工生态滤床。

原潜流人工湿地长 220m、宽 100m，由 7 个（池）独立水平潜流人工湿地组成，单池长度为 100m，宽度为 30m，有效填料深度 1.2m，并且已进行了防渗处理。现场调研发现原潜流人工湿地已经严重堵塞，部分湿地单元内已无湿地植物，水质监测结果表明，原有湿地已失去水质净化能力。

重新建设人工生态滤床的目的是进一步降低污水处理厂出水磷的浓度，同时降低氨氮和总氮。目前，沙子、沸石、蛭石、黄褐土、高钙废渣、火山石、粉煤灰和矿渣等都常被用作人工生态滤床的基质。基质在人工强化生态滤床中非常重要，基本有 3 种用途，一是作为水生植物生长的支撑载体；二是为水中微生物提供可供附着的载体；三是利用自身理化特性，通过过滤、吸附、吸收、络合、离子交换等等方式截留水中氮磷或者其他污染物，达到净化水的目的。

利用人工强化生态滤床对污水进行深度处理，对 BOD_5 和 NH_4^+-N 具有较强的去除效果，去除率基本可以达到 60%～70%；对 NO_3^--N 和 TN 的去除率也较高，可以达到

50%～60%；对 COD_{Mn} 和 SS 的去除率为 40%～60%。

　　北方地区冬季气候寒冷，在施工过程中必须充分考虑温度降至 0℃ 以下的情况：水面冻结，限制水的流动性。因此，本项目使用人工生态滤床。人工生态滤床主要利用基质对水中磷的吸附沉淀实现去除，在不同填料中对磷素去除效果最好的是矿渣和粉煤灰，其次是蛭石和黄褐土，去除效果最差的是沸石和沙子。而且其分层填充的结构具有较单一填料更好的水力特性。研究表明，钢渣富含钙、铁。当 pH$<$7 时，钢渣内 Ca、Fe、Al 系氧化物对磷元素的吸附作用占主导地位；当 pH$\geqslant$7 时，除了吸附作用，钢渣还能与水中磷结合成磷酸盐沉淀。钢渣内含有的丰富钙氧化物和铝氧化物，使得钢渣不但能通过吸附的方式去除磷，而且可以与水中磷酸根离子形成沉淀，从而实现磷与水的分离，最重要的是这两种途径几乎不受季节变化和环境温度的影响。

　　因此，选择对磷具有特异性去除功能的钢渣作为填料，并按照就近取料原则，以凌源钢铁厂的钢渣作为备选填料，通过试验系统分析了凌源钢渣对污水中磷污染物的吸附平衡和理论吸附量，从而获得其应用于人工生态滤床时，所需的水力停留时间和钢渣饱和吸附量，并以此为基础，对人工生态滤床进行工艺参数设计。

　　污水厂排放量为 3×10^4t/d，将 TP 浓度从 0.35mg/L 降至 0.2mg/L，根据本书2.2.2 部分中算出的钢渣最大吸附量 1.7065mg TP/g 钢渣进行计算，可得出每天需要钢渣约 2650kg。以堆积密度经验值 2.5t/m³ 计算，得出每天所需钢渣体积为 1.06m³。按照每十年更换一次钢渣填料，需要钢渣 1.06m³$\times$10$\times$365d=3869m³，则钢渣滤料层厚度为3869m³$\div$2.1hm²$\approx$1.842m（取 0.2m），实际钢渣填料体积为 2.1hm²$\times$0.2m=4200m³。

　　生态滤床共 2.1hm²，划分为 7 个单元，重新铺设布水管和收水管，回收利用部分原湿地填料，将填料筛分后重新填入人工生态滤床，并在人工生态滤床内部增加大于4200m³ 的钢渣区，则总体费用估算为 700 万元。虽然这几乎相当于重新修建生态滤床，造价高，但人工生态滤床重建后除了对磷有特异性去除外，还可以进一步去除 COD、氨氮、总氮的含量。

　　工程中采用钢渣作湿地除磷填料时，根据《人工湿地污水处理工程技术规范》（HJ2005—2010），为了保证潜流人工湿地孔隙率大于 30%，钢渣粒径选择 40～60mm。每个单元分为 3 部分。第 1 部分和第 3 部分将原有湿地填料（砾石）过筛，去除淤泥后回填。该砾石填料部分不设置土层。第 2 部分也就是中间部分，填充钢渣以除磷。

2.3.4　运行费用估算

　　建设投资估算：阶段一工程采用 4 座一体化高速纤维过滤塔，无需土建工程，设备运至现场后完成接水接电接管，即可调试运行。处理规模为 3×10^4t/d 的建昌县污水厂增建纤维过滤装置，所需滤料共计每万吨水 11.4m³，新型纤维滤料价格按 3×10^4 元/m³，新型纤维滤料共需 100 万元；纤维过滤塔、附属和控制设备及技术服务 290 万元。合计投资390 万元。

　　运行电费用估算：阶段一污水厂深度除磷工程，高速纤维过滤装置采用重力进水，气水联合反清洗，可使用原水作清洗水，无需设置进水泵和反清洗水泵，主要用电设备为反清洗鼓风机；系统自动化运行程度高，运行稳定性好，故障概率低，极大地降低了设备维护、维修工作量。高速纤维过滤系统主要运行成本来自电耗。本项目高速纤维过滤系统运行电耗成本分析如下。

如果前序工艺液位高程允许，过滤罐采用重力进水，不考虑进水提升泵，用电设备只有反冲洗鼓风机、电动阀门；反冲洗鼓风机单机功率 15kW，1 用 1 备；每个过滤罐每天反冲洗 1～2 次，按 2 次考虑，每次反冲洗需要鼓风 15～20min，按 30min/次考虑，4 个过滤罐，鼓风机每天运行时长为 0.5h/次×2 次/d×4 个罐＝4h，每天耗电量 15kW×4h＝60kWh。电价按照 0.8 元/kWh 考虑，处理水量按 30000m³/d 计算，单位水量的能耗为 0.002kWh，电费为 0.0016 元/m³（0.16 分/m³）。另外考虑电动阀门和自控柜的电耗，单位处理水量电耗成本为 0.00224 元/m³（0.2 分/m³）。

人工生态滤床投资建设费用估算：阶段二人工生态滤床建设工程，将 2.1hm² 人工湿地全部改建为人工生态滤床，重新铺设布水管和收水管，填料筛分后重新填入滤床，并在人工生态滤床内部增加大于 4200m³ 的钢渣区，费用估算为 700 万元。其中钢渣价格为 500 元/m³，钢渣含运距价格为 210 万元。

根据大凌河王家窝棚断面的具体情况，即王家窝棚断面水质指标在 2020 年底前达到地表水Ⅲ类水标准，分析了断面水环境状况，明确了污水处理厂尾水对断面污染的贡献，提供了具体的水质改善工程方案。方案主要措施分为两个部分，一是混凝配合高速纤维过滤除磷，二是人工生态滤床的填料更换与重建。若按照水质改善方案建成后，可将主要污染物 TP 削减到符合地表水Ⅲ类水标准，同时对其他 COD、BOD、氨氮、总氮等污染物进一步去除，最终达成断面达标的要求，得到如下结论。

① 王家窝棚断面在 2020 年底达到Ⅲ类水水质标准的主要影响因子是总磷、氨氮，次要因子是 COD 和 BOD。建昌县污水处理厂是影响王家窝棚断面达标的主要原因。

② 在第一阶段混凝配合高速纤维过滤除磷中，选用 PAFC 作为混凝剂，提高 PAFC 投加量，可强化污水中磷和混凝剂的沉淀反应，有利于 TP 的去除。在除磷药剂投加量充足的条件下，高速纤维过滤装置出水 SS 小于 5mg/L 时，过滤出水 TP 可达到小于 0.2mg/L 的水平。

③ 在第二阶段人工生态滤床的填料更换与重建中，应在人工生态滤床内部增加大于 4200m³ 的钢渣区，且水力停留时间不宜小于 8h。

第3章 面源污染河流治理技术与案例

3.1
面源污染河流治理处理技术概述

3.1.1 生物处理

（1）厌氧处理

农村生活污水处理中常用的厌氧处理单元有厌氧消化池、水解（酸化）池、厌氧生物滤池等，通常采用厌氧生物滤池形式。

厌氧处理适用于处理成本控制要求高、出水水质要求低的工程。填料应具有足够的机械强度且污泥不易堵塞、生物膜容易附着。常用的厌氧生物滤池填料包括网状填料、蜂窝状填料、波纹板状填料等。比表面积一般为 $100 \sim 300 \text{m}^2 / \text{m}^3$，孔隙率一般为 $80\% \sim 95\%$。厌氧生物滤池有效停留时间不宜少于 48h。污水浓度较高时宜采用 $2 \sim 3$ 室串联结构，第一室容积宜占总有效容积的 40% 以上。厌氧生物滤池设计应考虑有足够的检修空间，底部应设置排泥导管，便于定期清理底部沉积的污泥。厌氧生物滤池进、出水设计应具有防止短流的结构。

运行状态良好的厌氧生物滤池 COD 去除率为 $40\% \sim 60\%$，SS 去除率为 $40\% \sim 70\%$。厌氧生物滤池防火设计应符合《建筑设计防火规范》（GB 50016—2014）的规定。

（2）缺氧处理

缺氧处理适用于有脱氮要求的工程，设置在好氧处理前端。缺氧池溶解氧浓度一般应控制在 0.5mg/L 以下。缺氧池可填充填料，采用悬挂式填料时填充率宜为 $50\% \sim 80\%$，采用悬浮填料时填充率宜为 $20\% \sim 50\%$。采用的悬挂式填料或悬浮填料应符合《环境保护产品技术要求 悬挂式填料》（HJ/T 245—2006）和《环境保护产品技术要求 悬浮填料》（HJ/T 246—2006）的规定。

搅拌混合设备的设计要求参照《生物接触氧化法污水处理工程技术规范》（HJ 2009—2011）执行。采用间歇空气搅拌时，应通过反复调试，确定空气搅拌时间间隔，既要防止充氧过度，影响反硝化效果，又要防止搅拌不充分，污水与污泥不能充分接触。

缺氧处理总氮去除率为 $50\% \sim 70\%$。其他设计要求参照《农村生活污水处理工程技术标准》（GB/T 51347—2019）执行。

（3）好氧处理

一般规定好氧处理通常适用于出水水质要求较高或出水以排放水体为去向的工程。好氧池溶解氧量一般不小于 2mg/L。适用于北方农村小型生活污水处理设施的好氧处理工艺主要包括生物接触氧化法、流动床生物膜（MBBR）法、膜生物反应器（MBR）法等。好氧处理法有如下 3 种。

① 生物接触氧化法。生物接触氧化法处理系统由浸没于水中的填料、填料支架、填料表面生物膜及曝气系统等构成。生物接触氧化法是小型污水处理设施常用工艺，占地面积小；抗冲击负荷能力强；无污泥膨胀，维护管理方便；可不设污泥回流，动力消耗少；除磷效果差。

生物接触氧化法常用填料有软性、半软性悬挂式填料及蜂窝状、波纹板状等固定式填料。填料支架应有足够的强度，支架的强度设计应按填料上挂满生物膜且池内无水时的最不利情况考虑。固定式填料支架材料可选用不锈钢（SUS304）、玻璃钢（FRP）、聚氯乙烯、碳钢（Q235）等。碳钢制品应进行防腐处理。填料填充率宜为 50%～80%。进出水设计应防止池内水流断流。污水处理中采用的悬挂式填料应符合《环境保护产品技术要求 悬挂式填料》（HJ/T 245—2006）的规定。

经生物接触氧化法处理后，BOD_5 去除率为 85%～95%、COD 去除率为 80%～90%、SS 去除率为 70%～85%。其他设计要求参照《农村生活污水处理工程技术标准》（GB/T 51347—2019）。

② 流动床生物膜（MBBR）法。MBBR 法是通过在活性污泥系统中投加一定量的悬浮载体，提升反应池的处理效果，增强系统抗冲击能力。

MBBR 法不需要支架，安装方便；容积负荷高，抗冲击负荷能力强；反应池无堵塞及死角，池容充分利用；可灵活选择填料填充率，在一定范围内扩大处理规模时无需增大池容和占地。MBBR 法适用范围广，特别适用于现有工程的扩建、提标改造。

悬浮填料性能应满足《环境保护产品技术要求 悬浮填料》（HJ/T 246—2006）的规定。填料填充率宜为有效容积的 20%～50%。BOD_5 填料容积负荷宜为 0.2～1.6kg BOD_5/（m^3 填料·d）；硝化填料容积负荷为 0.2～0.8kg TKN/（m^3 填料·d）。MBBR 池进出口应设置格网，网孔应小于填料的外形尺寸。宜在 MBBR 池底部设置格网，格网宜高于曝气孔 200mm 以上。

经过 MBBR 法处理后，BOD_5 去除率为 85%～95%、COD 去除率为 80%～90%、SS 去除率为 70%～85%。

③ 膜生物反应器（MBR）法。MBR 法是活性污泥法与膜分离技术相结合的一种污水处理技术。通过在生物反应器中保持高浓度活性污泥，并以膜为分离介质替代常规重力沉淀，提高处理效率。

MBR 法污泥负荷高，占地面积小；有机物、悬浮物去除率高，出水水质好；膜组件易受污染，需定期清洗及更换，维护管理复杂。MBR 法可实现污水的深度净化，适用于经济条件好，有中水回用需求的地区。膜组件可采用中空纤维膜或平板膜；膜元件的安装应便于清洗、检修和更换。

曝气装置的设计应考虑池形、有效水深、池内活性污泥的有效搅拌混合、硝化反应、膜元件表面清洗等所需的空气量。膜生物反应器宜设置溢流口或超越口。宜采用自吸泵抽水，间歇抽吸，抽吸泵与曝气连锁控制，宜设置液位开关及流量计。膜分离装置出水抽吸管路上应设置压差计或真空表，对过膜压差进行监控。MBR 法的 COD、SS 去除效率分别在 90%、95% 以上。其他设计要求参照《膜生物法污水处理工程技术规范》（HJ 2010—2011）执行。

3.1.2　物化处理

（1）沉淀处理

沉淀池通常设置在生物处理单元之后，起到固液分离和污泥回流的作用。一般采用竖流式沉淀池，底部为斗形结构。

二沉池的表面水力负荷宜小于 $0.8m^3/(m^2 \cdot h)$，二沉池溢流堰堰口负荷宜小于 $30 m^3/(m \cdot d)$，溢流堰长度应满足日平均污水量的排出。小型污水处理装置的污泥回流可采用气提泵。污泥输送管、污泥回流管应保证排泥畅通，防止污泥沉积。污泥管管径不应小于 DN50。

（2）化学除磷

化学除磷加药设备由加药罐、加药泵以及加药管道等构成。化学除磷效果好，但会产生化学污泥。对于维护管理水平要求高，适用于除磷要求较高的工程。

化学除磷的絮凝剂主要采用三氯化铁或聚合硫酸铁等铁盐除磷剂，宜按 $Fe/P = 1.5 \sim 3$ 的摩尔比投加。絮凝剂投加装置应根据投加量确定，加药罐必须选择耐腐蚀的材料。絮凝剂投加装置应设置在室内。

（3）消毒处理

有条件的污水处理设施可设置消毒装置，主要在有特殊要求的地区或有疫情发生等特殊情况下使用。

小型一体化污水处理装置宜采用次氯酸钙、三氯异氰尿酸等固体含氯消毒剂。处理水量较大时，可采用次氯酸钠等液体消毒剂，也可采用紫外线消毒。采用药剂消毒时消毒池有效停留时间不宜小于 15min，出水余氯宜为 $0.2 \sim 0.3mg/L$。

3.1.3　生态处理

考虑冬季运行，生态处理技术宜选用潜流人工湿地或稳定塘。

（1）潜流人工湿地

潜流人工湿地按水流方式分为水平潜流人工湿地和垂直潜流人工湿地。

潜流人工湿地具有保温效果好、卫生条件好、占地面积大、易堵塞等特点。垂直潜流人工湿地由于布水系统覆盖整个湿地表面，与水平潜流人工湿地相比基建费用相对较高，但占地面积相对较小。潜流人工湿地适用于资金短缺、土地面积相对充足地区的污水处理。

采取保温措施的湿地冻土层深度为 200～300mm，未采取保温措施的湿地冻土层深度为 600～800mm。湿地收割物与地膜覆盖是北方地区行之有效的湿地保温措施。潜流人工湿地的深度宜取 1.0～1.6m。湿地水位应可调节，可通过在出水渠、出水管上设置闸板、溢流堰、可调管道等调节水位。集、配水及进、出水管的设置应考虑防冻措施。基质层的填料可选用土壤、砂子、砾石、矿渣、高炉渣、粉煤灰、沸石等。粉煤灰、钢渣等对磷有较好的吸附能力，沸石对氨氮有较好的吸附能力，可再生。适合北方地区潜流人工湿地的植物有芦苇、菖蒲、茭白等。

潜流人工湿地 COD 去除率为 55％～80％，SS 去除率为 50％～80％，TN 去除率为 30％～40％，TP 去除率为 30％～70％。其他设计要求参照《人工湿地污水处理工程技术规范》（HJ 2005—2010）、《污水自然处理工程技术规程》（CJJ/T 54—2017）执行。

（2）稳定塘

稳定塘根据塘中的溶解氧量及功能，分为厌氧塘、兼性塘、好氧塘、曝气塘等。

稳定塘结构简单，建设费用低；维护管理简单；处理效果受气候影响大；进水污染负荷较高时会产生臭气、滋生蚊虫。适用于资金短缺，且有坑塘、洼地、废弃池塘等可以利用的地区。稳定塘冬季易结冰，冬季没有污水回用需求时可作回用水的暂存池使用，作为暂存池使用时稳定塘容积应满足冬季储水要求。

稳定塘 COD 去除率为 50％～65％，SS 去除率为 50％～65％，TN 去除率为 40％～50％，TP 去除率为 30％～40％。其他设计要求参照《污水自然处理工程技术规程》（CJJ/T 54—2017）执行。

3.2
光伏技术在农村污水处理中的应用

近年来，随着我国城镇化的发展和广大农村人民生活水平的迅速提高，农村生活污水的排放量不断增加，农村污染日益严重。根据辽宁省统计年鉴数据显示，辽宁省农村面积约为 14.55 万平方千米，约占全省面积的 98％，且辽宁省农村在分布上呈现数量多、规模小、集聚散、地形复杂等特点，大多数村庄尚无完善的污水处理管网和污水处理设施，不能对生活污水进行及时收集和处理，以至于农村生活污水的肆意排放成为辽宁省农村环境恶化的主要原因。因此，大力开展农村生活污水处理迫在眉睫，建立健全一套适宜辽宁省的农村生活污水治理长效运行的机制体制已成为当前一大要务。

农村生活污水排放量小且位置相对分散，农村当地经济条件相对城镇较差，且对于设施的运行管理水平也比较低。因此，农村污水处理设备应选择建设周期短、建设运行费用少、处理效率高的设施。

以盘锦市大洼区清河村的农村污水治理为例，将太阳能光伏发电技术与改良型 MB-BR 处理工艺相结合，建立一体化污水处理设施，以太阳能为新型能源，为设施提供动力，实现废水深度可靠处理，从而开发出适宜农村的污水处理新方式，并通过设施的模式与工艺选择体系、验收和移交体系、运维和管理体制、监督和考核体系、资金保障体系等方面的研究，形成农村生活污水处理设施长效运行机制。

3.2.1　光伏技术设计与计算

（1）太阳能光伏发电系统的设计与计算

① 辽宁太阳能产业发展现状。辽宁省在新能源开发利用方面发展迅速，尤其在太阳能产业方面。目前，辽宁已成为全国光伏六大省之一，年平均日照率为 50%～70%，年平均日照时数为 2000～3000h。

在光伏产业方面，辽宁省光伏产业整体规模处于国内中等水平，产业主要集中在锦州市，锦州市以光伏产业链为载体，以光伏产业园为主要生产基地，2022 年锦州市共有光伏企业 22 家，光伏板块核心标的在 2022 年实现营收 9813.5 亿元，同比增长 82.0%。其中拥有锦州阳光能源、新世纪石英玻璃等一批优质光伏企业。

2024 年 1～7 月份辽宁太阳能发电量 35.15×10^8 kWh，较 2023 年同期增长 8.88×10^8 kWh，同比增速为 33.8%。光伏产业在辽宁蓬勃发展。

② 太阳能光伏系统的设计选择。目前，在太阳能光伏系统的设计选择上主要分为并网光伏系统设计和独立光伏系统设计两种。并网光伏系统，是将设备与地方电网相连，光伏板将太阳能转化成电能，通过逆变器将产生的直流电转化成交流电直接对负载供电，在光照强度大时还可将富余电量卖给地方电网，而在光照强度较低或夜间情况下，通过地方市电电网供电的形式来给系统供电。独立光伏系统，在光伏板将太阳能转化成电能后，通过逆变器将产生的直流电转化成交流电存在蓄电池中，为负载供电。

在农村污水治理一体化设备的光伏系统选择上，考虑到农村地区的经济条件与地理位置以及农村地区生活污水排放量主要集中在白天而夜间相对较少的特点，从经济和具体适用性的角度出发，选择独立光伏系统为一体化污水处理设备供能。独立光伏发电系统的工作原理如图 3-1 所示。

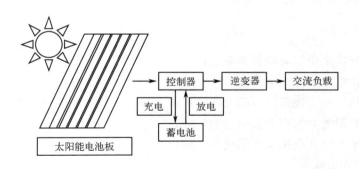

图 3-1　独立光伏系统的工作原理

③ 太阳能光伏系统的设计计算。本研究的光伏发电系统应用于盘锦市大洼区清河村的一体化污水处理设施，该一体化处理设施每日 8.69kWh 的耗电量以及 462W 的污水处理总能耗。

蓄电池容量计算如下。

$$B_c = \left(b_c + \frac{1}{2}b_c + nQ_L\right)d_t \tag{3-1}$$

式中　B_c——蓄电池附加容量，其值由一年内方阵发电容量低于负载耗电容量月份的累积值来计算，Ah；

$\frac{1}{2}b_c$——蓄电池剩余容量的补偿，Ah；

Q_L——负载平均每天的耗电容量，Ah；

n——最长连续阴天数，d；

d_t——环境温度的修正系数。

为了充分利用太阳能资源，而又不增加蓄电池的投资成本和蓄电池更换成本及蓄电池的更换所带来的二次污染，所以在连续阴雨天，太阳辐射强度较弱，光伏发电系统不能产生足够电力时，污水处理设施无法正常运行。设计时连续阴雨天仅为一天。蓄电池环境温度充电修正系数 d_t 见表 3-1。由于装置位于辽宁省，温度相对降低，d_t 取值 1.02。

表 3-1　蓄电池环境温度充电修正系数 d_t

环境温度/℃	40	25	10	0	−10	−25
d_t	1	1	1.02	1.05	1.09	1.2

通过计算，本装置的蓄电池容量为 95Ah，本装置在设计上充分考虑农村地区的经济情况，由于光伏系统在组建上，蓄电池的投资成本、更换成本以及蓄电池对环境造成的污染较高，同时由于北方地区冬季温度较低，而蓄电池在低温下容量降低，无法有效地存储电量，再继续使用会导致蓄电池严重亏电，造成蓄电池损伤，蓄电池内部电解液结晶搭桥，造成蓄电池容量及电压下降，甚至无法使用。

因此为了保证系统在冬天可以正常运行并且节约成本，在蓄电池的选取上选用容量为 200Ah 的蓄电池。

光伏太阳能电池板串联数（取整数）计算：

$$N_s = \frac{V_f + V_d + \Delta V_t}{V_0} \tag{3-2}$$

式中　N_s——光伏太阳能电池板串联数；

V_f——蓄电池组浮充电压，V；

V_d——防反冲二极管的压降及线路压降总和，一般取 0.5～0.7V；

ΔV_t——太阳能电池因升温引起的压降，V；

V_0——单个组件在标准光强度下的输出电压，由电池板的特性决定，V。

蓄电池组浮充电压见表 3-2。

表 3-2　蓄电池组浮充电压 V_f

蓄电池组类型	6V	12V	24V
V_f/V	7	14	28

通过之前对蓄电池的计算，蓄电池组类型为 24V，由表 3-2 得出 $V_f = 28V$；太阳能电池因升温引起的压降 $\Delta V_t = 2.2V$；本次装置选取功率为 160W 的太阳能光伏板，$V_0 = 11.5V$。综上：

$$N_s = \frac{28 + 0.5 + 2.2}{11.5} \approx 3$$

光伏太阳能电池板的并联数（取整数）计算：

$$N_p = \frac{Q_L}{I_0 H} \eta F_c \tag{3-3}$$

式中　N_p——光伏太阳能电池板的并联数；

F_c——太阳能电池组件表面灰尘等其他因素引起的损失的总修正系数，通常取 1.05～1.15；

H——在标准光强下（$E = 100 mW/cm^2$）年平均日照时数，h；

η——蓄电池充电效率的温度修正系数；

I_0——单个组件在标准光强下的输出电流，A。

蓄电池充电效率的温度修正系数见表 3-3。

表 3-3　蓄电池充电效率的温度修正系数

环境温度	充电效率/%	η
0℃以上	90	1.11
−5℃	70	1.43
−10℃	62	1.62

在标准光强下，盘锦市年平均日照时数为 3.08h，输出电流为 8.8A，充电效率为 1.62。综上：

$$N_p = \frac{1388}{24 \times 3.08 \times 8.8} 1.62 \times 1.1 \approx 4$$

通过计算，$N_s = 3$，$N_p = 4$，太阳能电池板组件数 $N = 3 \times 4 = 12$，所以本套光伏发电系统选择 12 块光伏板，采用两两串并连接的连接方式。

根据一体化污水处理设施的能耗以及对光伏板数量和蓄电池容量的计算，本套光伏发电系统在组件上选用了 12 块额定功率为 160W 的太阳能光伏板，8 块工作电流为 200Ah 的蓄电池，一台输出功率为 3000W 的一体机（逆变器）以及一部容量为 60A 的控制器。

④ 太阳能光伏装置的连接。本套光伏装置中共有额定功率为 160W 太阳能光伏板 12 块，8 块容量为 200Ah 的蓄电池，一台功率为 3000W 的一体机（逆变器）以及一个 60Ah 的控制器。

在光伏装置的连接上，光伏板的连接采用两两串联再并联的连接方式，来控制光伏板间的电压；在蓄电池的连接上，采用两两串联后 4 组并联的连接方式，在蓄电池的存放上，考虑到村的地下水位较高，地下水容易腐蚀蓄电池，在日常运行中，蓄电池价格较昂贵却无人看管，存在容易丢失的情况，并且由于北方地区冬天气温较低，低温对蓄电池的容量会造成显著影响，因此，将蓄电池采用外套钢盒整体埋地的方式进行连接保管。

光伏板连接后的固定共有 3 种方式，分别为固定倾角、单轴跟踪和双轴跟踪。在 3 种光伏板固定方式中，固定倾角的安装方式操作最为方便，成本最为低廉且设计最为简单。虽然在 3 种方式中，固定倾角方式存在太阳能接收量最小的缺点，但本套装置在设计光照时间可提供的转换功率上已经完全可以满足一体化污水处理设备的所需功率，因此，结合该村当地的经济及地理条件，选用固定倾角方式对整套光伏设施的光伏板进行朝南向的整体固定。光伏板固定后的倾斜角的取值和光伏设施所在处的地理纬度有关。由于地球的自转轴和公转轨道不是垂直的。因此，不同季节，太阳的角度是不同的，有 ±23.4° 的变化。太阳角度的中间值是在春分和秋分的时候出现，那天正午时，太阳角度刚好等于 90° 一当前所处的纬度。太阳角度的最大和最小值，分别在夏至和冬至的时候出现。这样，夏天的最佳倾斜角比纬度要小 15° 左右；冬天的最佳倾角比纬度要大 15° 左右。通过数学积分计算，全年最佳倾斜角应该比设施所在的纬度大一点，才能达到全年接收的最大值。根据该村纬度 N41°03′42.60″，设计本套装置固定倾角为 45°。

⑤ 太阳能光伏装置的经济效益分析。一体化农村污水处理设施装机功率为 0.61kW，日耗电量约为 8.69kWh，计算年电费约为 2672 元。此外由于本套设施位于村庄中空旷地，设施建成后需建设变压器，同时受装置选址位置地形限制，设施接电需额外进行光缆穿地，整体造价近 15 万元，因此第一年投入高达近 153000 元。

本套光伏装置中共有额定功率为 160W 太阳能光伏板 12 块，8 块容量为 200Ah 的蓄电池，一台功率为 3000W 的一体机（逆变器）以及一个 60Ah 的控制器，设施造价为 13320 元。因此，本套太阳能光伏发电设施整体造价为 13320 元，按照市电电费计算，使用约 4 年即可收回成本，而凝胶电解质电池的使用寿命在 5~6 年，因此在使用至第 5、第 6 年时已产生正向收益。

通过上述经济对比可以得出，通过采用光伏发电装置对一体化污水处理设施进行供能，首次投入经费可以节省近 13 万元，大幅度降低前期投入成本。同时，通过综合比较电费与光伏发电装置造价、蓄电池更换成本，本套装置使用至第 5 年、第 6 年时已产生正向收益。

（2）一体化污水处理设施设计与计算

① 一体化污水处理设施的组成。一体化污水处理设施为地埋式，由调节池、改良型 MBBR 工艺、沉淀消毒池构成。与传统 MBBR 工艺不同，本套一体化污水处理设施通过间歇运行的方式，实现农村污水处理排放，运行方式采用连续曝气 3h，停止曝气 1h，恢复好氧污泥活性。该设备为全自动化运行模式，运行状态、运行参数远程监控，支持数据收集、识别、分析等，为项目整体优化提供技术。

改良型 MBBR 工艺：在厌氧池和好氧池内投加高效 MBBR 填料，该工艺兼具传统流化床和生物接触氧化的优点，运行稳定可靠，抗冲击负荷能力强，脱氮效果好，是一种经济高效的污水处理工艺，具有生化脱氮除磷效果好、剩余活性污泥少、投资运行费用低的特点。该工艺运用生物膜法的基本原理，充分利用了活性污泥法的优点，克服了传统活性污泥法及固定式生物膜法的缺点。该方法通过向反应器中投加一定数量的悬浮载体，提高反应器中的生物量及生物种类，从而提高反应器的处理效率。由于填料密度接近于水，所以在曝气的时候，与水呈完全混合状态，微生物生长的环境为气、液、固三相，载体在水中的碰撞和剪切作用，使空气气泡更加细小，增加了氧气的利用率。另外，每个载体内外均具有不同的生物种类，内部生长一些厌氧菌或兼氧菌，外部为好养菌，这样每个载体都为一个微型反应器，使硝化反应和反硝化反应同时存在，从而提高了处理效果。

沉淀消毒池：沉淀区增设斜板沉淀，提高负荷，减少自然沉降时间，同时减少了设备容积。在出水区设置氯片消毒过水区，处理水中粪大肠埃希菌等细菌，使出水达到排放标准。

② 一体化污水处理设施的进出水水质要求。一体化污水处理设施主要针对生活污水处理而研发，设施进水要求主要成分为生活污水，可适量混入雨水，设施进水水质要求见表 3-4。

表 3-4　设施进水水质要求

水质参数	COD_{Cr}	BOD_5	NH_4^+-N	TP	TN
水质要求/(mg/L)	150~300	≤180	≤30	≤5	≤35

一体化污水处理设施出水（设备内部含消毒系统）可排放至附近氧化塘，大部分指标可满足多种回用要求，具体出水水质标准可达《城镇污水处理厂污染物排放标准》（GB 18918—2002）中的一级 B 标准，设施出水水质要求见表 3-5。

表 3-5　设施出水水质要求

水质参数	COD_{Cr}	BOD_5	NH_4^+-N	TP	TN
水质要求/(mg/L)	≤60	≤20	≤8(15)	≤1	≤20

注：NH_4^+-N 在水温＞12℃时指标为 8mg/L，水温≤12℃时指标为 15mg/L。

③ 一体化污水处理设施的工艺流程。一体化污水处理设施工艺流程如图 3-2 所示。

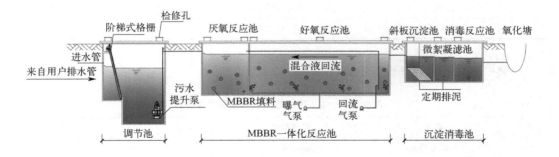

图 3-2　一体化污水处理设施工艺流程

用户生活污水经管网收集后流入一体化调节池，调节池为一体化钢结构设备，内安装拦截格栅、提升系统、检修爬梯等，对污水中的大颗粒杂物进行拦截，调节缓冲污水后，通过提升泵泵入一体化设备内，依次经过厌氧区、好氧区进行生化反应，池内投放 MBBR 填料，好氧池进行曝气，末端消化液通过气提回流至厌氧池进行脱氮除磷，好氧池出水流入沉淀区进行固液分离,分离后上清液通过消毒通道消毒后进入出水区,出水区辅以化学除磷,使出水水质达标,最终处理后出水重力排入附近氧化塘。

④ 一体化污水处理设施的显著优势。污水经过管网进行收集,进入一体化调节池,进行水量、水质的调节,去除大块悬浮物质后经过提升进入主处理区。主处理区为改良型MBBR 一体化反应池,通过厌氧、好氧的交替过程,达到最终去除 COD、NH_4^+-N、TN 等污染物的目的。最终消毒后经过湿地或氧化塘进入自然水体。

优势一:资源化,可以充分利用自然及污水本身的能源来降低能耗,并且出水可再生回用;自动化,撬块化的设计,紧凑的内部结构,结合先进的自动化设计,设备操作无人值守,运行管理简单;智慧化,运行状态、运行参数可远程监控,通过对数据进行收集、识别、分析等为项目整体优化提供技术支持;美观化,采用半地上式地埋设备,安装后制作相应景观规划,与假山、喷泉、苗圃等生态系统有机结合,布置美观。

优势二:一体化设备,施工简单,具有快捷安装的特点,污水站土建工程量少,投资少;采用微动力,能耗大大减少,运行费用降低;埋地式设备,占地面积小,安装后地面可进行景观美化;采用生物膜法,投加 MBBR 填料,几乎不产生污泥,方便运行;全自动化设计,维护管理技术低,员工人数少,劳动强度低;具有全套冬季运行的技术方案和保障措施;设备结合景观布置,错落有致、景色宜人,实现生态有机结合。

⑤ 一体化污水处理设施设计参数。本套一体化污水处理设施主体构筑物规格如表 3-6所示。

表 3-6　一体化污水处理设施主体构筑物规格

序号	名称	规格($L \times B \times H$)	数量	单位	备注
1	调节池基础	Φ360-2m×0.5m×4.1m	1	座	地埋钢筋混凝土
2	MBBR 一体化反应池	Φ360-1.68m×1.0m×2.3m	1	座	地埋钢筋混凝土
3	斜板沉淀池	Φ360-0.4m×0.4m×2.5m	1	座	地埋钢筋混凝土
4	消毒反应池	Φ360-0.4m×0.5m×1.3m	1	座	地埋钢筋混凝土
5	景观小品	假山/喷泉/苗圃等	1	套	
6	绿化	草坪/花/树木等	1	套	

本套一体化污水处理设施主要设备参数如表 3-7 所示。

表 3-7　一体化污水处理设施主要设备参数

序号	名称	规格型号	数量	单位	备注
1	污水提升泵	AS10-2W/CB	1	座	1用1备
2	曝气气泵	RHG-210-7H1	1	座	1用1备
3	回流气泵	TM30B-A	1	座	1用1备
4	搅拌机	QJBO.85/8-260/3-740/C/S	5	座	
5	曝气头	Φ215	8	个	
6	消毒氯片	—	若干	片	

调节池：对收集污水进行缓冲调节，对污水中携带的树叶、杂草、废塑料、生活垃圾等杂物进行拦截，安装智能液位调节提升装置。主体设施为一座钢结构，上部修建有检修孔和排气孔，同时附属有提升泵和带浮球的潜污泵，装置采用地埋式布置。由于盘锦市地下水位较高，对地埋装置容易造成腐蚀，因而装置材质选择碳钢，对设施进行防腐保护。一体化污水处理设施设计流量 $Q=10\text{m}^3/\text{d}$，过栅流速 $v=0.8\text{m/s}$（$0.8\sim1.5\text{m/s}$），栅条宽度 $s=0.02\text{m}$，由于处理水量较小，格栅采用人工清渣，故格栅间隙宽度 $e=4\text{mm}$（$1\sim6\text{mm}$），格栅的设计选择为阶梯式格栅。

MBBR 一体化反应池：厌氧区的主要功能是反硝化脱氮，反硝化菌在溶解氧浓度极低或缺氧情况下可以利用硝酸盐中氮作为电子受体氧化有机物，将硝酸盐还原成氮气，从而实现污水的脱氮过程。厌氧池内不曝气，污染物浓度高。因为厌氧池分解消耗溶解氧使得水体内几乎无溶解氧，适宜厌氧微生物活动从而处理水中污染物，所以，厌氧池内溶解氧浓度≤0.5mg/L。通过在厌氧池内投加悬浮填料的方式，来提高厌氧池处理效果，悬浮填料参数如表 3-8 所示。

表 3-8　悬浮填料参数

材质	填料规格	比表面积/(m^2/m^3)	相对密度
改性聚乙烯	$\Phi40$	$500\sim800$	0.92

好氧区的主要功能是氧化有机质和硝化氨氮。活性污泥中的微生物在有氧的条件下，将污水中的一部分有机物用于合成新的细胞，将另一部分有机物进行分解代谢以便获得细胞合成所需的能量，其最终产物是 CO_2 和 H_2O 等稳定物质。在有机物被氧化的同时，污水中的有机氮也会被氧化成氨氮，氨氮在溶解氧充足、污泥龄较长的情况下，将会进一步转化成亚硝酸盐和硝酸盐。因此，好氧区溶解氧浓度一般在 $2.0\sim4.0\text{mg/L}$ 之间。通过向曝气池中投加悬浮填料来降低曝气池的污泥负荷，提高活性污泥法的处理效率，提高曝气池的充氧能力。

消毒反应池：在沉淀池的设计上，沉淀区增设斜板沉淀，提高负荷，减少自然沉降时间，同时减少设备容积。沉淀区通过安装斜板，以提高沉淀效率，进行高效泥水分离。此外，在本装置中使用斜板沉淀池也有处理效果稳定、后期运行维护工作量小的优点。在出水区过水通道内投放氯片进行消毒，消毒区主要对生化处理后的水进行消毒处理，采用氯片（也可采用二氧化氯发生器或者紫外线）消毒，目的是去除水中的细菌，特别是处理水中大肠埃希菌，保证水环境的健康，同时在出水区辅以化学除磷，以保证出水达标。

一体化污水处理设施材质和控制系统：该设施设计为地埋式，盘锦市大洼区清河村地下水位较高，为了避免地下水对装置造成腐蚀，材质选用碳钢。地埋设施设置功能区，明确厌氧区、好氧池、沉淀分离区、消毒出水区，各段为单独空间可分段清理维修，设地上机电设备操作空间，方便快捷地对用电设备进行维修操作。一体化设施配套地上控制系统柜，集成数据收集识别分析及远传功能。同时，配有曝气系统、气提回流系统、斜板分离系统、出水消毒系统、悬浮填料、控制系统等。在地面设置一座标识牌，清晰明确标识项目的设计范围、工艺描述、社会效益等信息。

主体设备动力参数：净重 4000kg，工作电压 220V，额定功率为 0.462kW，装机功率为 0.61kW，设计日耗电量为 8.69kWh/d，处理规模为 10m³/d。其中，一体化处理设施配套机电设备主要包括 1 台进水提升泵、1 台曝气气泵、1 台回流气泵，一体化污水处理设施主体设备动力参数如表 3-9 所示。

表 3-9 一体化污水处理设施主体设备动力参数

设备名称	设施数量/个	设施功率/W
进水提升泵	1	150
曝气气泵	1	120
回流气泵	1	72

3.2.2 农村生活污水一体化处理试验材料与方法

（1）试验内容及分析方法

在 2020 年 7 月 6 日～2020 年 8 月 13 日的时间周期内对盘锦市大洼区清河村的农村生活污水一体化处理设施进行装置进水与出水的取样检测，每 2 天进行 1 次取样，总计取样 20 次。一体化污水处理装置在该试验时段全部由光伏发电装置进行供能。

农村生活污水主要以 COD、NH_4^+-N、TP、TN 污染物为主要特征，本试验研究在无人为条件干扰的情况下，监测农村生活污水一体化污水处理设施对以上 4 个主要指标的处理情况。COD、NH_4^+-N、TP、TN 检测项目分析方法见表 3-10。

表 3-10 检测项目分析方法

检测项目	检测方法
COD	重铬酸钾法
NH_4^+-N	纳氏试剂分光光度法
TP	钼锑抗分光光度法
TN	过硫酸钾氧化紫外分光光度法

（2）检测数据所用参考依据

本套农村生活污水一体化污水处理设施的排放符合国家《城镇污水处理厂污染物排放标准》（GB 18918—2002）一级 B 的标准要求。

本套农村生活污水处理采用的一体化污水处理设施进出水设计指标如表 3-11 所示。

表 3-11 一体化污水处理设施进出水设计指标

检测项目	COD	NH_4^+-N	TP	TN
设计进水/(mg/L)	150～300	30	5	35
设计出水/(mg/L)	≤60	≤8(15)	≤1	≤20

注：NH_4^+-N 在水温＞12℃时指标为 8mg/L，水温≤12℃时指标为 15mg/L。

3.2.3　农村生活污水一体化处理设施进水水质情况

（1）一体化污水处理设施进水 COD 浓度

盘锦市大洼区清河村的农村生活污水一体化污水处理设施进水 COD 浓度检测结果如表 3-12 所示。

表 3-12　一体化污水处理设施进水 COD 浓度检测结果　　　　单位：mg/L

取样日期	检测项目	浓度
7 月 6 日	COD	202.37
7 月 8 日	COD	215.40
7 月 10 日	COD	262.75
7 月 12 日	COD	201.82
7 月 14 日	COD	213.64
7 月 16 日	COD	196.63
7 月 18 日	COD	212.56
7 月 20 日	COD	235.75
7 月 22 日	COD	198.64
7 月 24 日	COD	201.23
7 月 26 日	COD	212.67
7 月 28 日	COD	216.86
7 月 30 日	COD	201.99
8 月 1 日	COD	207.32
8 月 3 日	COD	178.76
8 月 5 日	COD	206.83
8 月 7 日	COD	217.94
8 月 9 日	COD	201.80
8 月 11 日	COD	198.94
8 月 13 日	COD	212.21

由表 3-12 可以得出，在 7 月 6 日～8 月 13 日的试验周期内，盘锦市大洼区清河村一体化污水处理设施进水的 COD 平均浓度为 209.81mg/L。

在试验周期检测的过程中，COD 浓度虽有波动，但整体检测数值偏于稳定，在 7 月 10 日，当日一体化处理设施进水的 COD 浓度达到 262.75mg/L，为试验周期进水 COD 浓度检测峰值；在 8 月 3 日，一体化处理设施进水浓度检测为 178.76mg/L，为整个试验周期最低值，其他取样时间点的进水 COD 浓度均在平均值左右波动。

（2）一体化污水处理设施进水 NH_4^+-N 浓度

盘锦市大洼区清河村的农村生活污水一体化污水处理设施进水 NH_4^+-N 浓度检测结果见表 3-13。

表 3-13 一体化处理设施进水 NH$_4^+$-N 浓度检测结果 单位：mg/L

取样日期	检测项目	检测值
7 月 6 日	NH$_4^+$-N	21.85
7 月 8 日	NH$_4^+$-N	26.23
7 月 10 日	NH$_4^+$-N	22.64
7 月 12 日	NH$_4^+$-N	17.52
7 月 14 日	NH$_4^+$-N	27.53
7 月 16 日	NH$_4^+$-N	14.81
7 月 18 日	NH$_4^+$-N	20.24
7 月 20 日	NH$_4^+$-N	19.67
7 月 22 日	NH$_4^+$-N	28.25
7 月 24 日	NH$_4^+$-N	21.35
7 月 26 日	NH$_4^+$-N	22.8
7 月 28 日	NH$_4^+$-N	28.66
7 月 30 日	NH$_4^+$-N	19.69
8 月 1 日	NH$_4^+$-N	13.72
8 月 3 日	NH$_4^+$-N	17.73
8 月 5 日	NH$_4^+$-N	21.78
8 月 7 日	NH$_4^+$-N	24.91
8 月 9 日	NH$_4^+$-N	26.25
8 月 11 日	NH$_4^+$-N	25.97
8 月 13 日	NH$_4^+$-N	22.87

由表 3-13 可得，在 7 月 6 日～8 月 13 日的试验周期内，盘锦市大洼区清河村一体化污水处理设施进水的 NH$_4^+$-N 平均浓度为 22.23mg/L，污染情况严重。其中，在 7 月 28 日，一体化处理设施进水 NH$_4^+$-N 的检测浓度最高，达到 28.66mg/L；在 8 月 1 日，一体化处理设施进水 NH$_4^+$-N 的检测浓度最低，为 13.72mg/L。

由于农村污水主要由厕所污水、生活洗衣、淘米、洗菜等产生的污水为主，而厕所污水是影响水中 NH$_4^+$-N 浓度的主要因素，从上述检测数据可以得出，盘锦市大洼区清河村产生的污水中 NH$_4^+$-N 浓度较高。

（3）一体化污水处理设施进水 TN 浓度

盘锦市大洼区清河村的农村生活污水一体化处理设施进水 TN 浓度检测结果见表 3-14。

表 3-14 一体化处理设施进水 TN 浓度检测结果 单位：mg/L

取样日期	检测项目	检测值
7 月 6 日	TN	27.67
7 月 8 日	TN	32.32

取样日期	检测项目	检测值
7 月 10 日	TN	28.41
7 月 12 日	TN	23.35
7 月 14 日	TN	32.53
7 月 16 日	TN	20.63
7 月 18 日	TN	25.86
7 月 20 日	TN	24.56
7 月 22 日	TN	33.25
7 月 24 日	TN	27.27
7 月 26 日	TN	29.13
7 月 28 日	TN	33.56
7 月 30 日	TN	25.39
8 月 1 日	TN	19.49
8 月 3 日	TN	23.52
8 月 5 日	TN	27.70
8 月 7 日	TN	30.69
8 月 9 日	TN	32.08
8 月 11 日	TN	31.76
8 月 13 日	TN	28.69

由表 3-14 可得，在 7 月 6 日～8 月 13 日的试验周期内，盘锦市大洼区清河村一体化处理设施进水的 TN 平均浓度为 27.89mg/L。生活污水中 TN 浓度的检测结果相对稳定，检测值最高为 7 月 28 日的 33.56mg/L，检测值最低为 8 月 1 日的 19.49mg/L。

生活污水中 TN 浓度的高低主要受污水来源是否含有厕所污水影响，盘锦市大洼区清河村生活污水的主要来源包括厕所用水。

通过之前的试验可以得出，位于盘锦市大洼区清河村的农村生活污水一体化处理设施进水 NH_4^+-N 平均浓度为 22.23mg/L，而 TN 的平均浓度为 27.89mg/L，因而可以发现，农村生活污水中的氮主要以氨氮的形式存在，清河村产生农村生活污水的 TN 浓度相对较高。

（4）一体化处理设施进水 TP 浓度

盘锦市大洼区清河村的农村生活污水一体化处理设施进水 TP 浓度检测结果见表 3-15。

表 3-15　一体化处理设施进水 TP 浓度检测结果　　　　单位：mg/L

取样日期	检测项目	检测值
7 月 6 日	TP	3.23
7 月 8 日	TP	2.51
7 月 10 日	TP	2.85
7 月 12 日	TP	3.83
7 月 14 日	TP	3.24

取样日期	检测项目	检测值
7月16日	TP	4.12
7月18日	TP	2.64
7月20日	TP	3.35
7月22日	TP	1.98
7月24日	TP	3.62
7月26日	TP	3.73
7月28日	TP	2.67
7月30日	TP	4.36
8月1日	TP	3.22
8月3日	TP	3.58
8月5日	TP	2.71
8月7日	TP	4.01
8月9日	TP	3.37
8月11日	TP	1.94
8月13日	TP	2.25

由表3-15可得，在7月6日～8月13日的试验周期内，盘锦市大洼区清河村一体化处理设施进水的TP平均浓度为3.16mg/L。一体化处理设施进水TP浓度的波动不大，基本稳定在平均值3.16mg/L左右，日检测最高值为7月30日的4.36mg/L，日检测最低值为8月11日的1.94mg/L。

生活污水中TP浓度的影响因素与TN的影响因素较为相似，均主要与厕所污水的排出有关，对于含有厕所污水的污水来说，磷的浓度相对较高。此外，经调查研究发现，农村地区厨房剩饭和剩菜形成的泔水以污水的形式排入一体化处理设施时，同样会造成一体化处理设施进水TP浓度的升高，因而农村生活污水中TP的浓度受到多种因素的影响。

3.2.4　一体化污水处理设施处理农村生活污水的去除效果及分析

（1）一体化污水处理设施对COD的去除效果分析

采用一体化污水处理设施对农村生活污水进行处理，一体化污水处理设施对COD的去除效果如图3-3所示。

由图3-3可知，本套一体化装置出水COD浓度范围在18.89～39.30mg/L之间，符合一体化污水处理设施设计出水COD浓度≤60mg/L的规范要求，整体去除效果良好。在装置稳定运行期间，对于水中的COD浓度去除率为81.34%～91.23%，平均值为86.03%，出水COD的高去除率表明该一体化设施对于水中COD的去除效果良好。

此外，虽然一体化污水处理设施进水的COD浓度有一定波动，但整体出水的处理效果良好，主要源于设施中MBBR好氧区悬浮填料比表面积较大且悬浮填料填充率较高，为微生物生长繁殖提供了大量栖息的表面积和有利的环境，从而很大程度上提高了一体化

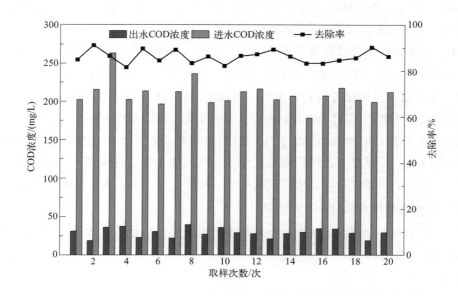

图 3-3　一体化污水处理设施对 COD 的去除效果

污水处理设施的抗冲击负荷能力，并且提高了一体化污水处理设施对水中 COD 的去除效果。

（2）一体化污水处理设施对 NH_4^+-N 的去除效果分析

采用一体化污水处理设施对农村生活污水进行处理，一体化污水处理设施对 NH_4^+-N 的去除效果如图 3-4 所示。

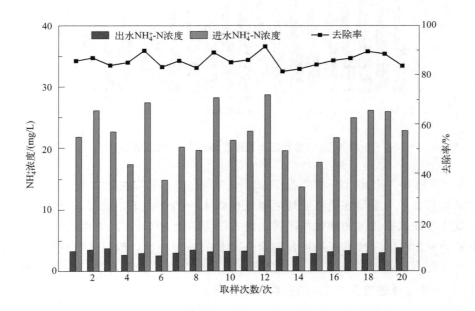

图 3-4　一体化污水处理设施对 NH_4^+-N 的去除效果

由图 3-4 可知，当一体化污水处理设施稳定运行时，出水 NH_4^+-N 浓度范围为 2.42～3.73mg/L，一体化处理设施去除率为 81.21%～91.24%，平均值为 85.71%，整体出水效果良好。一体化污水处理设施对水中 NH_4^+-N 的去除主要是在微生物的作用下，通过硝化和反硝化过程，将 NH_4^+-N 转化成气态氮。NH_4^+-N 在硝化作用下转化成 NO_3^--N 和 NO_2^--N，之后通过反硝化过程转化为气态氮逸出，达到脱氮处理的目的。

本处理设施的平均 NH_4^+-N 去除率达到 85.71%，去除效果良好，主要原因在于系统的 MBBR 工艺的部分生物结构独特，生物膜附着在悬浮填料上，硝化细菌和反硝化细菌等生长世代较长，且可在工艺结构内独立生长，从而使系统中存留了较多的硝化细菌和反硝化细菌，强化了一体化处理设施的脱氮功能，增加了对 NH_4^+-N 的去除效果。

（3）一体化处理设施进水 TN 浓度

采用一体化污水处理设施对农村生活污水进行处理，一体化污水处理设施对 TN 的去除效果如图 3-5 所示。

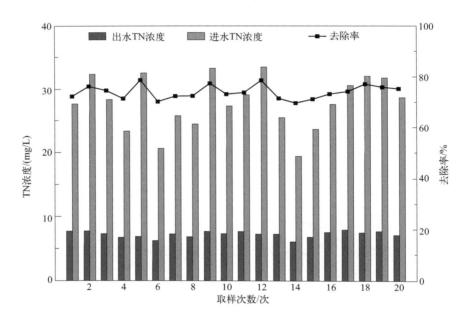

图 3-5   一体化污水处理设施对 TN 的去除效果

由图 3-5 可知，出水 TN 浓度为 5.97～7.94mg/L，平均去除率为 73.93%。与去除氨氮的原理相似，本套设施脱氮处理主要是在微生物的作用下，通过硝化和反硝化过程，将有机氮通过好氧硝化菌的硝化作用转化成 NO_3^--N 和 NO_2^--N，从而达到脱氮的目的。

本套装置出水的 TN 浓度虽符合国家一级 B 的处理标准，但整体数值依旧相对偏高，相比于一体化污水处理设施对 COD 浓度和 NH_4^+-N 浓度的去除效果，还有待加强。

（4）一体化处理设施对 TP 的去除效果分析

采用一体化污水处理设施对农村生活污水进行处理，一体化污水处理设施对 TP 的去除效果如图 3-6 所示。

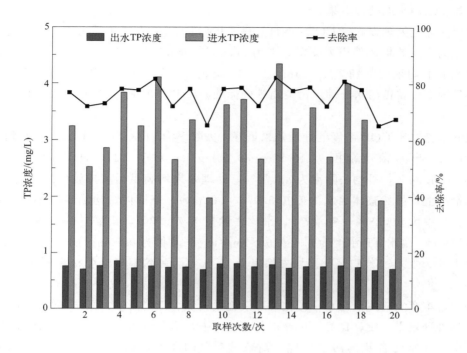

图 3-6　一体化污水处理设施对 TP 的去除效果

由图 3-6 可知，出水 TP 浓度为 0.68～0.84mg/L，平均值为 0.75mg/L，一体化污水处理设施的去除率为 64.94%～82.11%，平均去除率为 75.25%。本套一体化污水处理设施除磷的工艺原理是在厌氧与好氧阶段培养出聚磷微生物，在厌氧阶段释放磷，而在好氧段超出本身需求的情况下对磷进行吸收，从而使其以聚合磷的形式形成聚磷污泥，并在出水区通过投加化学除磷试剂，达到快速、高效除磷的目的。

通过分析出水数据可以得出，一体化处理设施对水中的 TP 浓度平均去除率为 75.25%，去除效果相对较好，主要原因是生物膜内部磷的厌氧释放使附着在填料上污泥中的磷含量较低，同时，填料相互碰撞，生物膜不断脱落更新，使内部厌氧区成为好氧区，满足了积累磷的细菌吸收需氧磷而释放出厌氧磷的条件，同时在出水区添加化学试剂，达到对磷的高效去除。

（5）小结

生活污水中 TP 浓度的影响因素与 TN 的影响因素较为相似，均主要与厕所污水的排出有关，对于含有厕所污水的污水来说，磷的浓度相对较高。此外，经调查研究发现，农村地区厨房剩饭和剩菜形成的泔水以污水的形式排入一体化污水处理设施时，同样会造成一体化污水处理设施进水 TP 浓度的升高，因而农村生活污水中 TP 的浓度受到多种因素的影响。

在充分考虑农村存在人口居住分散、地处偏远、排水管网不健全、生活污水波动性大的特点后，本研究选用农村生活污水小型一体化污水处理设施对农村生活污水进行收集处理，本套设施采用改良型 MBBR 工艺。通过进行取样试验研究了该套一体化污水处理设施对农村生活污水的处理效果。

本套一体化处理设施对 COD、NH$_4^+$-H、TN 以及 TP 农村生活污水中主要的污染物均有良好的去除效果，平均去除率分别为 86.03%、85.71%、73.93% 和 75.25%，处理设施出水的平均浓度分别为 29.24mg/L、3.08mg/L、7.17mg/L 和 0.75mg/L，出水浓度均满足国家《城镇污水处理厂污染物排放标准》（GB 18918—2002）一级 B 的排放标准要求。

该套设施对于 COD 浓度的处理效果最好，去除率为 81.34%～91.23%，平均去除率为 86.03%，出水浓度范围为 18.89～39.30mg/L；对于 NH$_4^+$-H 浓度的去除率为 81.21%～91.24%，平均去除率为 85.71%，处理效果均满足国家排放标准要求；在 TN 的去除情况上，虽然整体出水浓度在 5.97～7.94mg/L 范围内，均满足国家排放标准要求，但去除率为 69.38%～78.87%，平均去除率为 73.93%，仍需进一步改进工艺；在 TP 的去除上，出水 TP 浓度为 0.68～0.84mg/L，平均值为 0.75mg/L，一体化处理设施去除率为 64.94%～82.11%，平均去除率为 75.25%，去除率与出水效果均满足国家排放标准要求。

综上，本套农村生活污水一体化处理设施投资低、工艺简单、操作方便、易于维护和运行，且处理效果稳定、良好，抗冲击负荷能力强，适合应用于农村地区生活污水的分散式处理中，非常切合我国污水处理"高效低耗"的需求，具有良好的发展前景和推广价值。

3.3
管理技术在农村污水长效运行中的应用

为了避免一体化污水处理设施移交使用之后，出现闲置"晒太阳"的现象发生，因此建立健全一套适用于辽宁省的农村生活污水治理长效运行机制变得尤为重要。本书通过分析当前辽宁省农村生活污水处理设施的建设情况与辽宁省农村生活污水治理存在的突出问题，结合浙江省宁波市奉化区的成功治理经验，为辽宁省农村生活污水治理设施从模式选择、建设移交、运维管理、监督考核和资金保障 5 个方面提出了长效运行机制建议，以期在管理维度达到农村生活污水治理的长效稳定运行。

3.3.1　辽宁省农村污水处理设施建设情况和治理模式工艺

（1）设施建设情况

自辽宁大力开展农村污水整治以来，现有的污水处理设施主要分布在沈阳、抚顺和铁岭地区，共有 171 座，占总数的 59%，剩余地区有 117 座，占比 41%。在建设规模上，村镇污水处理设施的建设规模为 10～2000t/d。

由图 3-7 可以得出，处理设施规模为 100～500t/d 的设施最多，约占总数的 37%；规模≤100t/d 的设施占比 18%；规模为 500～1000t/d 的设施占比 22%；规模＞1000t/d 的设施占比 23%。由于农村生活污水的排放量相对于城镇生活污水的排放量较少，所以农村污水处理设施的规模与城镇污水处理厂的设计规模相差较大。

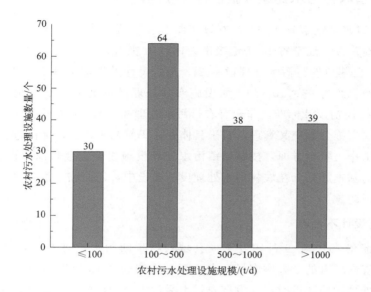

图 3-7　村镇污水处理设施规模分布

（2）治理模式和工艺

根据不同村庄所处的地理位置不同以及当地经济条件的差异等因素的影响，辽宁省通过专家考证和调研等多种形式，因地制宜选择污水处理的治理模式，现今辽宁省的农村污水处理模式以分散处理、集中处理、接入市政管网 3 种处理模式为主。

在工艺的选择上，辽宁省共有人工湿地、土壤渗滤、稳定塘、膜生物反应器、生物膜法、活性污泥法、其他小型一体化污水处理设施和组合工艺 8 个工艺类型。各工艺类型的设施数量和处理规模见表 3-16，数量上以土壤渗滤和一体化污水处理设施居多，二者分别占处理设施总数的 38％和 21％；在处理规模上，人工湿地和稳定塘工艺占比最多，分别占比 32％和 24％。

表 3-16　污水处理工艺统计

工艺类型	设施数量占比/％	处理规模占比/％
人工湿地	16	32
土地渗滤	38	2
稳定塘	5	24
膜生物反应器	3	2
生物膜法	7	6
活性污泥法	8	7
其他小型一体化污水处理设施	21	21
组合工艺	2	6

3.3.2 辽宁省农村污水处理设施运行存在问题

自 2008 年以来，辽宁省在中央农村环境综合整治资金大力支持下，持续加大农村生活污水处理设施建设。辽宁省 14 个地级市，16 个县级市，25 个县，59 个市辖区，640 个镇，201 个乡，已建成农村污水处理设施 288 座，设计处理能力 $37.6 \times 10^4 t/d$。但目前，乡村生活污水产量约为 $93 \times 10^4 t/d$，而设施实际处理量不足 $10 \times 10^4 t/d$，设施达标运行率不到 25%（按最初设计标准，非现有农村污水处理标准）。农村污水管理体制虽已初步建立，但各部门实施分割交叉管理，对于具体责任仍然尚未划分，无法进行较好的监管与后期运行维护工作。资金方面，按照城镇污水处理设施建设资金来源以市、县自筹为主，省级补助为辅的基本原则。在农村污水处理设施建设中，还面临着配套管网建设和后期运行管理等诸多问题。

（1）规划设计不合理

生态环境部在 2019 年 9 月印发了《县域农村生活污水治理专项规划编制指南（试行）》。但辽宁省内现有的 288 座农村污水处理设施均为 2019 年以前建设，省内大多数区县在农村污水处理设施建设时，均没有农村生活污水处理设施建设规划，未能在全局统筹层面上进行污水处理设施的设计建设，以至于有些地区的污水处理设施设计的处理量相较于日常的生活污水排放量偏大，而有些地区则由于当地管网的覆盖能力有限，设施不能有效地收集处理污水。以沈阳市为例，在沈阳市的 1504 个村庄中如今共有 19% 完成了农村生活污水的收集处理，但由于设施由市财政负责投资建设，而与之配套的管网设施则由县区政府负责，管网建设对于资金要求高，县级财政很难满足，造成了管网与设施同步困难，管网要求建设长度较长，但管网建设不完善、中间易出现断漏等问题，导致污水收集困难。处理工艺大部分参考城市污水处理工艺选择，不切合实际进水量和运行费用，增加运营成本，且缺乏对管网检测评估的机构。

（2）运维和监管工作不完善

在农村生活污水处理设施运维监管过程中，与城镇污水处理厂不同，污水处理厂中拥有一批真正了解污水处理的专业技术人员，而在乡村污水处理过程中，负责运营和管理的主要机构包括区、镇政府，生态环境和水利部门以及村民委员会。以辽宁省盘锦市为例，盘锦地区由村级污水处理设施所在乡镇的副镇长或环保助理对设施进行管理，他们大都缺乏农村污水处理相关知识，管理水平较低，而普通村民只能负责日常的安全保卫工作不能进行专业运维，因此，存在污水处理效果差、处理效果反复波动等问题。一些已建成的污水处理设施出现闲置的现象在多地均有发生。对比浙江省开化县，开化县政府选择将全部设施的运行维护统一交给第三方专业运维公司进行，由第三方公司对设施的进出水质和设施运行情况进行实时监管，辽宁地区在此方面尚有不足。在监督管理方面，辽宁省农村生活污水处理评价为分级考核，但目前考核的重点仍在设施的建设和设施治理目标建设的完成率上，而不在运行管理上。重建设轻管理的现象使得目前农村污水处理设施的运行情况并不好，且各区县政府的要求重视力度不同，考核体系不够科学。

（3）经费投入不足

由于农村污水处理设施的建设和后期运维的资金要求很高，仅由地方财政出资进行工作很难满足，且中央没有对农村污水运行的专项补助，各级政府部门也并未形成固定的财政制度对农村污水处理设施运行提供一定的资金支持。在农村污水处理设施建设完成之后，与之配套进行、同步完善的管网设施建设也耗资巨大。目前针对这一问题，辽宁省财政厅等相关部门对污水主体设施已经建成、但缺少管网配套设施的 42 座污水处理设施补助 5880 万元同步跟进管网建设，但仍有一大批污水处理设施没有完成配套，管网建设资金的投入依然不足。在后期维护上，由于专业的维护人员工资待遇不高，设施运维投入的资金也不够，导致设施的后期运行情况不佳，处理效果不理想。

3.3.3　浙江省宁波市奉化区农村生活污水运行维护体系的案例分析

（1）区域农村污水治理工程总体情况和成效

自浙江省"五水共治"行动开展以来，奉化区加大了污水治理设施建设力度，并不断总结经验，取得了良好的治理成果。目前，已经完成了 207 个行政村的生活污水治理设施建设，其中 43 个行政村采取纳管处理，164 个行政村集中处理，有 210 个治理设施，日处理污水约 2.2×10^4 t，累计受益户数约 7.6 万户。

（2）运维体系主要经验和做法

奉化区通过总结在农村生活污水治理方面积累的经验，从运行维护管理体系、运行维护制度体系、远程信息化体系三个方面逐步建立完善了适宜的农村生活污水治理体系。

奉化区在完善农村生活污水治理体系的同时，通过制定相关的规范制度对污水处理设施的工艺选择、建设移交和设施稳定运行进行严格的约束把关。

鉴于农村生活污水的运行维护工作量大，并且对维护人员的技术水平要求较高，因此奉化区通过委托第三方对污水处理设施进行运行维护的管理模式，从监督考核、运行监管、宣传培训和资金保障等方面实现长效运行管理。

① 完善机制，健全体系。在运行维护管理体系的完善方面，奉化区建立了以市、区主要党政领导、各相关职能部门负责人以及乡镇街道办事处主要负责同志为成员的农村生活污水处理设施运行维护领导小组。运行维护领导小组明确了以市住建局为主要管理部门、各乡镇街道办事处以及各村委员会为主要落实责任单位、广大村民为受益群体以及第三方专业运维公司作为提供运维服务单位的农村生活污水处理设施运行维护管理体系。明确管理责任之后，由市住建局主要领导全权负责农村生活污水处理设施的运行维护管理工作，并定期向市主要领导汇报设施运维情况。同时，由市住建局牵头，明确各相关职能单位具体分工和具体责任，每季度召开一次运维协调会议，听取各相关责任单位负责同志汇报具体工作情况，及时协调，定期纠错，各乡镇街道、各村委员会均安排相应人员，负责运维专项工作，编制运维管理条例，推动农村生活污水处理设施长效稳定运行。

在远程信息化体系完善方面，奉化区主要通过互联网、物联网等技术手段，建立数字化网络服务和管理平台，录入区域内农村生活污水处理设施的相关情况和运行维护的主要数据。奉化区的数字化体系主要应用于日处理能力在 30t 以上、受益农户在 100 户以上和对于设施所在地水质情况要求较高的区域的农村生活污水处理设施，通过安装和改装设施的数字化系统，得以实现远程控制水泵、远程监控水量和运行状况的目的。当前，在移交给住建局进行统一管理的 85 个行政村中，已对符合数字化体系建设要求的 53 个村庄安装了信息数字化系统。

② 规范程序，统一管理。奉化区在设施建设管理方面，实行"五个统一"的管理模式，分别为统一设计规范、统一监理标准、统一施工要求、统一工程招标、统一材料采购五个方面，规范程序，统一管理。"五个统一"管理模式如表 3-17 所示。

表 3-17 "五个统一"管理模式

管理模式	具体要求
统一设计规范	对处理工艺、排放标准、管径、管道坡度和管道材质等问题以及开挖回填等各个环节的操作进行规范
统一监理标准	按照监理规范明确监理管理动作，把控工程质量，避免出现返工现象
统一施工要求	制定施工样板，并组织监理、施工和业主进行工程质量样板点评，并按照明确的要求进行施工
统一工程招标	建立村生活污水治理工程承包商名录库，统一招标，统一发中标通知书
统一材料采购	实行管道和检查井等主要材料统一供应制度

③ 模块化设计，分类治理。奉化区全区农村生活污水治理分为纳入市政管网人员处理和自建村镇污水处理设施两类。根据市政管网设施的建设情况以及各村庄所处的地理位置，制定相应的农村生活污水治理规划，明确每个村的治理方式和具体工作开展时间。奉化区将污水处理设施分为收集系统、一级处理、二级处理和三级处理 4 个模块，采用模块化技术，根据村庄地理位置、人口情况等制约因素，将各个模块有机结合，选择最合适的技术进行农村生活污水治理。

④ 建管并举，专业维护。奉化区项目建设和运维管理作为污水治理过程的两个阶段，相互促进，相辅相成。在项目建设前期充分考虑后期运维管理可能出现的风险。在设施设计上，奉化区严格按照最低 20 年使用年限的要求进行设计，所采用的材料、永久性设施都必须按照这一要求制定技术参数。

后期运维管理过程中发现的问题，在其他项目前期建设中不断改进。奉化区针对早期建成设施周围被村民乱堆乱占、杂草丛生、影响环境的情况，提出建设景观化设施、打造公园式终端的理念，做到污水治理设施与村庄建筑物的外观风格协调统一，努力把农村生活污水治理工程变成美丽工程。

在设施投入使用后的运维管理工作中，奉化区政府严格推进区、镇（街道）、村、运维公司、协管员"五位一体"的管理制度，由区综合行政执法局监督管理，并安排落实农村生活污水治理设施运行维护管理专项资金。

奉化区制定出台《农村生活污水治理设施运行维护考核办法》，细化镇（街道）、村的工作职责和要求，同时将农村生活污水治理设施运维工作纳入各镇（街道）年度考核；并要求各镇（街道）加强对各村的考核，定期通报农村生活污水治理设施运维情况。奉化区注重对村干部和协管员基本运行维护知识的培训，注重对村民污水设施使用和安全知识的宣传，注重在雷雨、洪水和冰冷等特殊气候条件下的快速响应；注重根据工艺、村庄规模和区域位置分类分级管理；注重节假日和边远运维的巡查，堵住时间和空间上的盲点。

⑤ 落实措施，长效管理。加强考核力度。奉化区把农村生活污水处理建设和运行维护工作纳入年镇（街道）、各机关单位目标管理考核办法之中，对各镇（街道）考核农村生活污水处理建设和运行维护工作。同时要求各镇（街道）对各村进行考核，形成层层考核机制，定期通报农村生活污水治理设施运行维护情况。对第三方专业服务机构采取定期考核和不定期考核两种考核方式，定期考核由各镇（街道）在每季度末对第三方专业服务机构的运行维护情况进行考核；不定期考核由市住建局在每季度不定期通过抽查的方式对第三方专业服务机构的运行维护情况进行考核。季度考核成绩由市住建局根据定期考核成绩和不定期考核成绩进行综合确定，以此作为向第三方专业服务机构拨付服务费的依据。

加强监管力度。专门安排人员经常对已移交的农村生活污水治理设施进行检查，对发现的问题开具整改通知单，对经常出现的问题，通过发函的形式要求第三方专业服务机构整改。各镇（街道）落实运行维护联络员按季度对已移交的农村生活污水治理设施进行巡查，记录巡查过程中发现的问题，并通知第三方专业服务机构整改，督促第三方专业服务机构对进水水量和进水水质进行检测。

加强资金保障。奉化区把运行维护资金分为基本服务费和其他费。基本服务费指第三方专业服务公司为确保农村生活污水治理设施正常运行进行简单维护而产生的费用，其他费指第三方专业服务公司非服务不力产生的费用。市住建局根据季度考核成绩向第三方专业服务机构拨付基本服务费。

⑥ 广泛参与，合力攻坚。奉化区坚持将农村生活污水治理列入政府民生实事工程，并通过政府主导全面实施农村生活污水治理工作，政府安排充足资金用于农村生活污水治理设施建设和运维的同时，在各村镇培养了一批懂技术的污水治理工程管理干部队伍。

奉化区在农村生活污水处理设施的运维过程中，坚持动员村民参与，每个行政村都落实一名村民监督员参与到项目建设与运维中，协调矛盾，监督工程质量。

3.3.4　辽宁省农村生活污水治理长效运行管理机制对策建议

（1）治理模式和工艺选择

治理模式在选择上应充分考虑村庄所处的地理位置和社会条件等多方面因素的差异，通过详尽的调研评估，因地制宜地在分散处理、集中处理和接入市政管网处理 3 种方式中进行选择。具体的选择方式以盘锦市为例，盘锦市对不同村庄的不同情况进行分析考察后，根据村庄的特点进行细化选择。

① 对于住户较为分散且相对独立的屯和小组，应根据具体的情况采用针对屯、小组特点的分散式处理模式，处理规模一般小于 30t/d，保证污水处理设施满足易于施工、管理便捷、针对性强、经济适用的特点。以盘锦市大洼区白家村为例，该村庄相对较小，村庄内住户布局复杂，生活污水不易收集集中，选择采用分散式处理模式。

② 对于经济条件好、乡村规模大且分布较为集中的村，可采用村集中处理模式，进行统一处理，确保整个污水处理过程运行安全可靠、出水水质得到保障，处理规模一般在

$50\sim100t/d$。以盘锦市盘山县沙岭镇为例，该镇村庄住户比较密集紧凑，乡镇依靠生态旅游等产业，经济基础相对较好，便于通过修建村污水处理厂的方式将整村生活污水进行统一收集，集中处理。

③ 对于离市政污水管网近的村可采用污水管道收集后，将收集污水并入市政管网处理的模式，具有见效快、投资小的优点。以盘山县大洼区大洼镇为例，该镇村庄距离城市市政污水管网较近，并入市政管网较为方便，且符合高程接入要求，采用接入市政管网的处理模式。

工艺选择应根据具体村庄生活污水排放的特点，在充分考虑该村庄治理模式的基础上，对设施的处理工艺进行选择。在工艺的选择上，应确保适合当地的社会基础条件，在经济和地理适宜的条件下选择效果最好、运维最简单的工艺进行设计。通过铁岭市庆云堡村、沈阳姚千户屯村等地区的实际运行效果来看，以氧化塘、潜流人工湿地为核心的污水处理工艺并不适合辽宁冬季寒冷的气候条件。由于农村污水处理设施耗能较大，对于一些小型的污水处理设施，包括一些一体化的处理设施，可以光伏设备供电的形式对设施进行供能。对于光伏设备，也可通过分布并网设计，来取代蓄电池的作用，减少需要定期更换蓄电池的花销，实现经济花销的减少。

（2）验收移交体系

设施验收交接是施工管理向运行管理过渡的重要环节。其主要核心是建设方按照合同约定向投资方交付竣工无缺陷的设施。在污水设施建设完成后，应由当地设施投资部门组织生态环境、住建、卫生健康、农业农村等部门的相关专家对农村污水处理设施进行验收工作。这里要特别注意组织农业农村局参加验收，因为辽宁省卫生健康委和辽宁省农业农村厅联合印发《辽宁省农村户厕建设技术要求（试行）》的通知，明确了户厕和管网的连接方案。联合验收可以避免未来连接、运行过程中出现问题。

同时也可参考宁波市奉化区的做法，该区政府通过将农村生活污水治理列入政府民生实事工程，通过区政协班子成员督办，人大代表和政协委员作为验收组成员进行验收，并在设施所在村安排一名村民担任工程监督员进行实时监督的形式来对污水处理设施进行验收工作。并将农村污水处理设施建设和农村改厕、村庄环境综合整治三项工作结合起来，提高治理效果。

（3）运维管理体制

首先应严格明确政府和各职能部门在建设、运行、指导、监管、考核奖惩等方面的职责分工，建立省→市→县（区）→镇（街道）→村的分级管理责任制，规范各级政府以及各相关职能部门的管理职责是建立完善的运行管理体制的重要目标。具体的运维管理工作也应结合村庄所在地的具体情况进行不同的运维体系选择。

以沈阳市为例，沈阳市自大力开展农村污水治理以来，根据村庄具体情况有3种不同的管理模式。

① 农村政府管理模式。该模式主要用于污水处理经费大部分来自区县财政的乡村，由政府统一指定相关部门进行管理。

② 村委会管理模式。该模式主要用于一些经济条件相对发达，乡村可以实现大部分

治理费用自给自足的乡村，由村委会指定村民进行运维，如新民市方巾牛村等。

③ 委托管理模式。该模式主要用于经济条件较为发达，污水治理体系比较明确的区县，如于洪区。

3 种模式中，前两种模式在经济上较为节省，但农村地区缺乏真正了解污水处理设施运维的专业人才，会造成污水处理设施运行管理效果不佳、出水水质较差等缺点，而第 3 种模式又因为经济要求较高不适用于所有村庄。

所以，辽宁省应结合村庄的具体情况进行体系的制定。对于经济条件较好的地区，在设施所在地区政府及各相关职能部门分工负责的情况下，将运行管理职责委托给第三方服务公司，并由政府及各部门对第三方公司进行监督；对经济情况差的地区，在统一管理的基础上，由政府和有关职能部门管理，建立一个专门的管理机构，通过对具体工作人员进行专业知识培训等措施来对设施进行运行管理。

（4）监督和考核体系

建立科学完善的奖励和约束机制对农村污水处理设施运维情况进行监督与考核是农村生活污水处理的重要一环。对于两种不同的运维体制，应制定不同的监督和考核体系。对于由政府部门直接运营的污水处理设施，应由当地政府部门主要领导统一部署，安排考察组每月对污水处理设施的运行和出水水质情况进行监督和考核，将考核结果定期公示。考核结果达标的相关负责人员，政府可以给予经济补贴和行政奖励等形式激励相关人员，对不达标的人员，应由负责部门主要领导通过约谈、行政降职等形式予以处罚。对于委托第三方公司运行的污水处理设施，也应由政府部门领导安排考察组按月进行考核，考核结果作为支付污水处理费用的主要依据，根据考核情况对处理费用予以一定奖励或处罚。

例如宁波市奉化区委、区政府把农村生活污水处理建设和运维工作纳入政府年度目标考核办法之中，通过制定《奉化区农村生活污水处理建设和运行维护工作考核细则》，对各镇农村生活污水处理建设和运维工作进行考核，并要求各镇对下属各乡村进行考核，按期汇报运维情况。对第三方运维公司采用定期考核和不定期抽查两种考核方式，根据以上两种方式的考核结果进行综合评定，以此作为向运维公司支付服务费的依据。

（5）资金保障体系

通过多渠道的方式来确保治理资金足够用于治理工程。

① 加大财政投入力度。可在各级财政资金中，单独拨出一部分资金成立农村污水处理专项资金，用于设施的建设和后期运维等工作，同时也应积极向中央申请一部分专项资金和补助。

② 进行村镇自筹。通过村镇的一些企业包括个别村镇的生态旅游效益，充分发挥经济优势，将一部分收入投入到农村污水处理中来。

③ 其他融资渠道。通过由政府和各相关部门制定一系列招商引资政策，吸引社会人士加入，将社会资金引入农村污水治理中来。除此之外，也应协调各级部门在污水处理设施用地、用电等花销上给予优惠政策，积极使用太阳能供能等方式来减少污水处理设施从建设到后期运维的花销。

3.3.5 对策建议的具体实施方案

通过分析辽宁省盘锦市在农村生活污水治理上的实际情况并结合前文提出的可行性建议，制定相应的管理措施和管理条例（建议稿）来对盘锦市农村生活污水治理的机制体制提出长效运行上的建议。

盘锦市共有 21 个镇，285 个行政村，截至 2022 年底，已建成乡镇污水处理厂 17 座，村镇小型污水处理设施 118 个。由于在处理设施的建设、管理和运行维护上，尚未形成完善的管理机制，因此，结合盘锦市目前的实际情况，制定《盘锦市农村生活污水处理设施管理条例》（建议稿）来规范政府各部门的责任划分并明确设施建设改造和运行维护的相关工作。

2020 年盘锦市地方生产总值为 1303.6 亿元，位居全省前列，鉴于经济较好的地区，可采用第三方专业运维公司进行总承包维护的治理模式来提高农村生活污水治理的效果，因而结合原环境保护部《关于推进环境污染第三方治理的实施意见》、国务院办公厅《关于推行环境污染第三方治理的意见》等国家相应的法律法规和规范性文件要求，制定《盘锦市第三方服务机构监督管理暂行办法》（建议稿），来加强对第三方监测服务机构的监督管理，规范第三方机构服务行为，促进第三方服务市场健康发展，以期达到提高盘锦市农村生活污水治理效果的目的。

明确运行管理的责任和管理条例之后，具体的考核方式就成为农村生活污水治理的重中之重。考核工作应坚持"遵循规则、完善机制、推进工作、减轻负担、注重实效"的原则，根据农村生活污水治理工作实际，制定《盘锦市农村污水处理工作考核办法》（建议稿），将管理工作分为日常考核和现场考核两部分，按照日常工作推进和年底现场考核并重的方式进行，依照建议稿中的条例对治理工作的机构和人员进行细致具体的考核。

由于农村生活污水治理耗资巨大，因此资金问题一直是制约农村生活污水的一大原因，为进一步促进农村生活污水治理的可持续发展，满足农村生活污水处理设施运行维护实际需要，为政府和企业提供计价参考，根据《盘锦市农村生活污水处理设施管理条例》（建议稿）要求，制定了《盘锦市农村生活污水治理运行维护费用指导价格指南》（建议稿），该指南作为编制年度农村生活污水处理设施运行维护费用计划、农村生活污水处理设施运行维护招标控制价和投标报价以及签订农村生活污水处理设施运行维护合同的参考依据；同时，制定了《盘锦市农村生活污水治理运行维护管理专项资金管理办法》（建议稿），用以规范盘锦市农村生活污水治理设施运行维护资金的使用和管理工作，准确、及时地拨付和使用农村生活污水运行维护资金，充分发挥运行维护资金的使用效果。

第4章 河流生态修复技术与案例

4.1
河流生态修复模式理论与方法

4.1.1 生态治河的概念与内涵

（1）生态与生态治河

所谓生态，是指生物在一定的自然环境下生存和发展的状态，这种状态既要适合人类的生存，也必须保持动物、植物的多样性。而任何人造的生硬、呆板的环境，都不可能实现生物的多样性，使其生命力有限。对于河流来说，要提供这样一种生态环境，其水流必须是清洁的，这是保证动植物生存的基本条件；其流势必须是自然的，蜿蜒曲折，既有浅滩，也有深潭，时快时慢，时动时静；河中要有供植物扎根的土壤，河岸要创造保持空气、水分流通、交换的利于植物生长的环境，同时，这种多生物形态的河道必须能够抵御洪水的冲刷，完全没有防护功能的天然河道不能满足要求。

生态治河，就是以保护河道系统中生物良好的生存环境和创造和谐的自然景观为前提，在保证防洪安全的同时，充分考虑生态效果，把河堤改造成水系统、土壤系统以及生物系统三者相互涵养的近自然状态。

河流不仅具有生产、调节生命空间的功能，而且作为景观廊道具有景观连接性和环境的指示功能。因此，治理应以预防为主，治理与开发、治理与管护相结合，使其健康运行，发挥社会、经济、生态环境持续稳定的长久综合效益。

（2）河流健康

河流健康的含义尚不十分明确，分歧主要集中在是否包括人类服务价值这一点上。不管国内外学者如何定义河流健康，但保持河流生态完整性是河流健康的实质，健康与生态是密不可分的，生态是健康的前提、基础和保证。多生物形态的河道必须是健康的，必须能够满足一定的发展和生存需要，因此生态环境必须具有能够抵御持续干旱、洪水冲刷等自然灾害的能力，完全没有防护功能的天然河道不能满足要求。

4.1.2　研究现状

（1）河流生态治理研究现状

早在中国古代，已有沟渠堤岸植树、用捆扎的树枝稳固斜坡技术；在国外，1983年已有生态治河的方法，主要是生物工程技术。

① 国外河流生态治理的研究进展与问题。自20世纪来，美国提出近自然河流治理的概念；德国创立近自然河道治理工程理论及"重新自然化"；瑞士等国家在河道治理中运用生态工程技术，称多自然型河道生态修复技术；日本开创创造多自然型河川计划，称多自然河川工法；H. T. Odum 等首次提出生态工程概念；美国 Mitsch 和 Jorgensn 奠定了多自然河道修复技术的理论基础。

当今，欧美经济发达国家已普及多自然型河道生态修复技术，以实现、再生"人与自然的和谐共处"的生态环境。国外河流生态修复多是河道形态的修复，多集中于生态恢复材料的开发及生境斑块的设计和构建上，关于系统在恢复中生态学过程和机理的研究却很少，缺乏受损河流生态系统在恢复过程中进行自我调节的理论和试验体系。

② 中国河流生态治理的研究进展与问题。早期的研究主要注意河流生态系统某个方面的功能，还有一些基于水污染治理角度的研究。

近年来，中国水利学者和生态学者已经认识到水利工程对河流污染产生的严重影响，从不同角度积极阐明开展河流生态修复研究的重要性。蔡庆华等分别探讨了河流生态学研究中的热点和河流生态系统健康评价等问题；董哲仁、张继冰等从不同角度分析了水利工程对生态环境的影响，董哲仁首次提出"生态水工学"的理论框架；王薇等认为中国河流生态修复的研究与实践多偏重河流受污染水体的修复，注重水质的改善，而不强调河流生态系统结构、功能的修复。

20世纪80年代，我国少数大城市对城市河流的生态环境进行较大规模的整治，但在很大程度上仍采用传统的设计思想和技术。21世纪初期我国水利部门开展水域生态修复规划编制的试点。

③ 国内外代表性河流生态治理实践。莱茵河沿岸现尽力维护、恢复河流自然特性，大力恢复河流生态，同时逐步拆除因航行、灌溉和防洪在河流上修建的各类工程。英国的泰晤士河专门成立了治理委员会和泰晤士河水务局，对其进行维护管理。法国的塞纳河专门成立了直接隶属环境部的流域水管局，为开发和保护提供科学技术咨询和指导。

我国采取了以小流域为单元进行河流综合治理的措施，上海市在这方面以"五纵四横三大"水系为整治重点，以沟通水系、调活水体、营造水景、改善水质为整治目标，开展建设生态环境河道样板工程。珠江广州河段建设具体包括提高堤防的防洪标准、改善两岸的交通、绿化环境和美化河流两岸。成都市的府南河治理集防洪、排水、交通、绿化、生态、文化于一体，取得了很好的社会、经济、环保效益。苏州市保持了"三纵三横加一环"的河网水系及小桥流水的水城特色，保持了路河平行的基本格局和景观。北京市以建设"水清、流畅、岸绿、通航"的现代城市水系为目标，对城市水系进行大规模的综合整治，使城市水环境得到较大改善。

（2）河流健康评估研究现状

早期河流生态系统状况通过监测一些生物或其类群的数量、生物量、生产力、结构指标、功能指标及一些生理生态状况的动态变化来描述，最经典是指示物种法。之后，开始用较简单的生物指数与物种多样性指数来逐步替代指示物种监测河流状况。

近年来，越来越多的学者开始综合物理、化学、生物、水文甚至社会经济指标，运用能够反映不同尺度信息的综合指标法对河流进行健康评估。综合指标法是根据评价标准对河流的生物、化学、水文以及物理结构指标进行打分，将各项得分进行加权累计后的总分作为评价河流健康状况的依据。根据总评分值判断河流健康状况等级（划分为非常好、好、一般、差、非常差 5 个级别），并说明河流被干扰程度。

最近基于多指标综合评价原理的河流健康评价又与各种数学方法结合起来，形成了一些新的方法，主要评价方法有层次分析（AHP）法、灰色关联评价法、模糊评判法、人工神经网络法、多目标决策理想区间法、物元分析法等。

尽管不同学者和专家提出了河流健康的科学内涵、河流健康评价指标及评价方法等，但迄今国内尚未形成统一或公认的河流健康评价指标体系和方法。

（3）河流生态治理发展方向

纵观国内外河流的开发治理过程，可以发现对流域水资源和生态环境相互作用的认识是河流开发治理的关键，决定着流域经济发展及河流治理开发的方向与进程，更新观念、强化认识将大大促进河流的开发和治理，也将对流域管理产生深远的影响。对河流开发治理的方向可以归纳为：重视河流的多种功能，实现流域管理一体化，管理方式法制化，运作过程规范化，监控手段现代化，资源开发可持续化。生态系统完整性是河流治理保护的基础与发展趋势，管理一体化是河流治理保护遵循的主要原则，治理保护可持续发展是人类与水资源和谐共处的前提。

4.1.3　河流治理和修复的发展阶段

河流系统具有多种功能，如泄洪供水输沙自净景观、航运发电生态功能等。河流生态修复不能脱离人类和河流关系的发展阶段，人类与河流的关系可以大致分为 4 个阶段，即原始自然阶段、工程控制阶段、污染治理阶段和生态修复阶段。

（1）原始自然阶段

在此阶段，形成了许多水利理论，遗留下来的著名水利工程有大运河、都江堰、郑国渠等，水车的使用也标志着人类开始对水能资源进行开发利用。该阶段的功能项主要为泄洪、输沙、供水、自净、生态和景观功能，河流系统总体上处于自然健康状态，各项功能基本满足。

（2）工程控制阶段

此阶段是人类大规模地修建水利工程、兴利除害、开展水利研究的高峰，是人类对水利认识、研究和开发的主要阶段，水利及其相关学科有了很大的发展，为深层次的水资源开发利用提供了理论依据。

这一阶段标志着更多的河流功能为人类所认识和开发，人类从被动转向主动利用，河流的泄洪功能、航运功能、供水功能、发电功能得到扩展，在该阶段由于大坝水库对河流水体的拦蓄，造成输沙生态、景观娱乐功能所需水量不足以及河床形态的改变、植被和生物多样性的减少，河流泄洪、输沙、供水、生态、景观娱乐功能均受到不同程度的损害，使河流系统开始偏离健康状态。

（3）污染治理阶段

水利工程的兴建使人类在尽享其利的同时，流域生态环境也在不断恶化。高坝大库的兴建，使水库水出现温度分层现象，破坏水库生态，淹没大片土地，库岸坍塌等；工农业及生活污水排放造成水污染；洄游鱼类产卵场破坏，洄游鱼类产量下降。水资源过度利用造成河道断流、地下水位下降；地表植被破坏引起水土流失，造成水质污染。

此阶段河流治理的重点放在污水处理和河流水质保护上，主要以水质的化学指标达标为目标采取河流保护行动，通过加强管理，强化污水处理和控制排放，推行清洁生产。这个阶段对水利工程观念有了新的认识，从工程水利向资源水利发展。既强调水资源工程的数量，更强调水资源的配置，最终发展成为一个效益型、科技型、优化型、节约型的综合经济社会发展体系。通过资源的优化，配置和措施的优化组合，实现水资源的高效利用。

（4）生态修复阶段

河流保护的重点从认识上发生了重大转变，河流的管理从以改善水质为重点，拓展到河流生态系统的恢复。这一阶段标志着在产生因河流不当开发造成的恶果后，如何持续维护健康的河流已成为重要的治河理念，在该阶段河流的生态功能、输沙功能、景观娱乐功能受到更多关注，将河流作为生态系统进行综合修复成为主要特点。以国外河流生态修复工作历程为例，主要经历了从水质恢复（20 世纪 50 年代开始）到小型河流以单个物种恢复为标志的生态恢复（20 世纪 80 年代初期开始），再到大型河流生态恢复工程（20 世纪 80 年代后期开始）、流域尺度的整体生态恢复（20 世纪 90 年代兴起至今）的过程。

4.1.4　河流生态修复模式

世界上发达国家在流域（河流）开发治理过程中，都形成了以梯级为基本构架的开发体系、以堤防为重点保障的防护体系、以生态保护为目标的环境保障体系。国际上典型河流的开发治理可归纳为 3 种模式，即防洪中心型、水资源利用型和生态保护型。

（1）河流功能定位

河流生态修复同传统河流治理一样，首先是防御洪水，还要保证生态系统处于健康状态，尽最大可能处理好洪水期的防洪和平时的河流生态系统、景观、亲水性的关系。河流生态修复模式的形成主要取决于流域的自然因素和人类经济活动对环境的要求，防洪生态型修复模式的突出特点是洪水发生时无需考虑河流生态系统和亲水性，平时也无需考虑防洪要求。

① 按流经地域划分。考虑河道流经的区域和人居环境的要求，可将河流进行分段：城市（镇）段、乡村段、其他段。城市（镇）段指流经城市和城镇规划区范围内的河段，

对防洪有很高要求，有景观休闲的要求；乡村段指流经村庄的河段，对防洪有一定要求，适当考虑景观和环境美化；其他段指除前两者外的河段，在能够满足行洪排涝的要求下应维持原有的河流形态和面貌。另外，对于流经田间的河段，要重点考虑行洪排涝和水质保护的要求。

② 按照防洪排涝功能划分。考虑河流水文的变化规律，可将河流流经区域划分为：行洪区、分洪区、滞洪区、蓄洪区。行洪区指天然河道及其两侧或河岸大堤之间，在大洪水时用以宣泄洪水的区域，在河道泄洪能力不足时用于扩大河的泄洪断面，增加泄洪能力；分洪区是利用平原区湖泊、洼地、淀泊修筑围堤，或利用原有低洼地区分泄河段超额洪水的区域；蓄洪区是用于暂时蓄存河段分泄的超额洪水，待防洪情况许可时，再向区外排泄的区域，存蓄洪水削减洪峰，降低洪水对河道两岸堤防的压力；滞洪区具有"上吞下吐"的能力，其容量只能对河段分泄的洪水起到削减洪峰，或短期阻滞洪水作用。

③ 按使用功能划分。根据水域水资源开发利用现状及规划，划定各水域的主导功能及功能顺序，具体包括保护区、保留区、缓冲区和开发利用区（国家一级区划）。在开发利用区涉及水域内进行二级区划，分为饮用水源区、工业用水区、农业用水区、渔业用水区、景观娱乐用水区、过渡区和排污控制区 7 类水功能分区（图 4-1）。

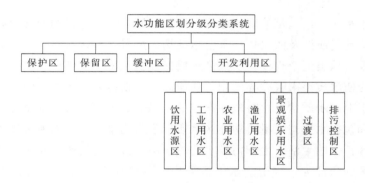

图 4-1　水功能区划分级分类系统

保护区：对水资源保护、自然生态及珍稀濒危物种的保护有重要意义的水域。功能区指标包括集水面积、水量、调水量、保护级别等；水质标准执行Ⅰ、Ⅱ类水质标准或维持水质现状。

保留区：目前开发利用程度不高，为今后开发利用和保护水资源而预留的水域区域。功能区划分指标包括产值、人口、水量等，功能区水质标准按现状水质类别控制。

缓冲区：为协调省际间、矛盾突出的地区间用水关系，以及在保护区与开发利用区相接时，为满足保护区水质要求而划定的水域。功能区划分指标包括跨界区域及相邻功能区间水质差异程度；功能区水质标准执行相关水质标准或按现状控制。

开发利用区：具有满足工农业生产、城镇生活、渔业和游乐等多种需水要求的水域。区划条件为取水口较集中、取水量较大的水域。功能区划指标包括产值、人口、水量等；功能区水质标准按二级区划分类分别执行相应的水质标准。

饮用水源区：满足城镇生活用水需要的水域。划区条件为已有城市生活用水取水口分布较集中的水域；在规划水平年内城市发展需要设置取水口，且具有取水条件的水域。功能区划分指标包括人口、取水总量、取水口分布等；功能区水质标准执行Ⅱ、Ⅲ类水质标准。

工业用水区：满足城镇工业用水需要的水域。划区条件为现有工矿企业生产用水的集中取水点水域；在规划水平年内需要设置工矿企业生产用水取水点，且具备取水条件的水域。功能区划分指标包括工业产值、取水总量、取水口分布等；功能区水质标准执行Ⅳ类标准。

农业用水区：满足农业灌溉用水需要的水域。划区条件为已有农业灌溉用水的集中取水点水域；根据规划水平年内农业灌溉的发展，需要设置农业灌溉集中取水点，且具备取水条件的水域。功能区划分指标包括灌区面积、取水总量、取水口分布等；功能区水质标准执行Ⅴ类标准。

渔业用水区：具有鱼、虾、蟹、贝类产卵场、索饵场及洄游通道功能的水域，养殖鱼、虾、蟹、贝、藻类等水生动植物的水域。划区条件为主要经济鱼类的产卵、索饵、洄游通道及历史悠久或新辟人工房檐和保护的渔业水域；水文条件良好，水交换畅通；有合适的地形、地质。功能区划分指标包括渔业生产条件及生产状况；功能区水质标准执行Ⅱ～Ⅲ类标准。

景观娱乐用水区：以满足景观、疗养、度假和娱乐需要为目的的江河湖库等水域。如度假、娱乐、运动场所涉及的水域；水上运动场；风景名胜区所涉及的水域。功能区划分指标包括：景观娱乐类型及规模；功能区水质标准执行Ⅲ～Ⅴ类标准。

过渡区：为使水质要求有差异的相邻功能区顺利衔接而划定的区域。划区条件为：下游用水要求高于上游水质状况；有双向水流的水域，且水质要求不同的相邻功能区之间。功能区划分指标包括水质与水量；功能区水质标准为满足出流断面所邻功能区水质要求。

排污控制区：接纳生活、生产污废水比较集中，接纳的污废水对水环境无重大不利影响的区域。划区的条件为：接纳废水中污染物为可稀释降解的；水域的稀释自净能力较强，其水文、生态特性适宜作为排污区。功能区划分指标包括排污量、排污口分布。功能区水质标准不执行地表水环境质量标准。

④ 按生态功能划分。生态服务功能包括生态调节、产品提供与人居保障功能。生态调节功能指水源涵养、土壤保持、防风固沙、生物多样性保护、洪水调蓄等维持生态平衡、保障区域生态安全功能。

水源涵养生态功能区：生态问题是人类活动干扰强度大；生态系统结构单一，生态功能衰退；森林资源过度开发、天然草原过度放牧等导致植被破坏、土地沙化、土壤侵蚀严重；湿地萎缩、面积减少；冰川后退，雪线上升。生态保护方向是建立生态功能保护区，加强保护与管理；加强生态恢复与生态建设，治理土壤侵蚀；控制水污染，开展生态清洁小流域的建设；严格控制载畜量，改良畜种，开展生态产业示范。

土壤保持生态功能区：生态问题是不合理的土地利用，过度人为活动，导致地表植被退化、土壤侵蚀和石漠化危害严重。生态保护方向是调整产业结构，降低土地压力；全面实施生态工程；开展综合治理，协调关系；严格生态监管；发展新能源，保护自然植被。

防风固沙生态功能区：生态问题是过度开发导致植被退化、土地沙化、沙尘暴等。生态保护方向是建立生态功能保护区，严格资源利用；调整传统的畜牧业生产方式；调整产业结构、退耕还草、退牧还草，恢复草地植被；加强流域规划和综合管理。

生物多样性保护生态功能区：生态问题是人口增加及资源过度开发、外来物种入侵等，导致自然栖息地遭到破坏，岛屿化严重；生物多样性受到严重威胁，野生动植物物种濒临灭绝。生态保护方向是加强自然保护区建设和管理；实施对生物多样性的生态影响评价；禁止对野生动植物滥捕、乱采、乱猎；加强外来物种入侵控制。

洪水调蓄生态功能区：生态问题是泥沙淤积严重、湖泊容积减小、调蓄能力下降；重要湖泊、湿地萎缩；地表水质受到严重污染；流行性疾病的传播，危害人体健康。生态保护方向是加强洪水调蓄生态功能区的建设，保护生态系统，加强流域治理，控制水污染，发展避洪经济。

（2）断面形式设计

河道横断面和纵断面是关系中小河流建设的关键因素。横断面关乎河流的河槽、滩地、河岸带植物群落的植被结构和河流湿地的生态建设与修复；纵断面关乎河流沿线纵比降、跌水、深潭等结构构成的多样流速分区。

生态性的河流横断面应优先选择复式断面，在地形限制下，可考虑梯形断面等，尽量避免矩形断面；在河流纵断面设计上，明确河道的等级和功能，重点研究河道格局问题，确定合理的河道纵比降，必要时设置相应的设施，以满足水流多样性条件。

① 河流断面类型可分为天然河道断面和人工河道断面。山区河道和平原河道的乡村河段的天然河道断面，尽可能维持原有的自然形态和断面形式。河滩开阔的河道，不需修建高大的防洪堤；河滩狭窄的河道，可采用矮胖型断面（梯形断面）。而人工河道断面在满足河道主导功能的前提下，尽可能保留自然河流弯曲形态，通过河道蜿蜒化的恢复可以增加栖息地的质量和数量。设计中考虑河流弯曲模式可变性。河流蜿蜒性特征的修复可采用：复制法、应用经验关系、参考附近未受干扰河段的模式、自然恢复法。

② 生态河道平面设计。在解除河道瓶颈的基础上，尽量保持河道的自然弯曲；尽可能多安排一些蓄水湖池；使水系形成网络，有益于构建生态系统的基础框架。河道断面设计要考虑横断面多样性，河道断面形式主要分为 4 类：复式、梯形、矩形、双层等。

复式断面：适用河滩开阔的山溪性河道，一般不需修建高大的防洪堤。复式断面的河滩地相对较大，利于河道中水生物和两栖动物的生长，具有一定的生态性；能开发为景观休闲区域，具有较强的景观性。复式河道断面示意图如图 4-2 所示。

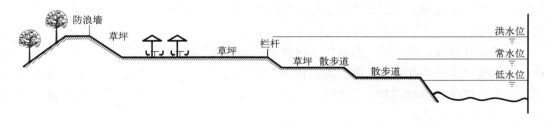

图 4-2　复式河道断面示意

梯形断面：占地较少，结构简单实用，是农村中小河道常用的断面形式。一般以土坡为主，有利于两栖动物的生存繁衍。为便于河道管理，防止河岸边坡耕作，河道两岸保护范围内用地采用征用或借田租用等方式，设置保护带，发展果树、花木等经济林带或绿化植树，防止周边农户耕作，确保堤防安全。

矩形断面：以防洪为主要功能的农村河道，地方基础冲刷严重，可采用松木桩基础，投资省、整体性能好、抗冲能力强。一般适用于城镇乡村等人居密集地周边的河道或航道。平原河网设计时，正常水位以下可采用矩形干砌石断面，正常水位以上采用毛石堆砌成斜坡。河岸绿化带充足，采用缓于1∶4的边坡。

双层河道断面：上层为明河，下层为暗河，适用于城镇区域内河，下层暗河主要是泄洪、排涝的功能，上层明河具有安全、休闲、亲水等功能，一般控制在20cm左右水深。双层河道断面示意图如图4-3所示。

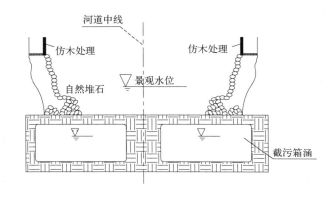

图 4-3 双层河道断面示意

河流纵断面：对纵比降在3‰以上的河道，应考虑采用阶梯－深潭结构，或采取鱼道与阶梯跌水相结合的结构缓解水流对河道的冲击，以营造多样性的地形结构。对纵比降在1‰～3‰的河道，可利用人工辅助措施营造阶梯深潭结构，或采用阶梯式跌水结构。

河道堤防设计：满足河道防洪功能，可将堤防分为内堤（小堤）和外堤（大堤），中间建设或恢复滩地。内堤可以是子槽上的女儿墙，为保护滩地而设。外堤为保护城镇而设，高度根据设计或校核洪水水位确定，坡度可放缓。堤岸位置必须富于变化，堤间不需等距，材料也不需划一，但要考究，做法要仔细。可优先采用超级堤，其堤宽一般不小于堤高的30倍。

滩地景观设计：采用复式断面后，河道中的滩地既可扩大行洪断面，又可为鸟类、两栖动物的生存提供生存空间，为人类的休闲、游憩提供条件。在满足3～5年一遇防洪要求下，尽可能降低滩地高程，以加大行洪断面，增强亲水性。滩地布置应以平地或缓坡为主。

滨水设施建设：滨水景观设施包括水上舞台、卵石步道、临水长廊、嬉水乐园、灯光喷泉、亲水台阶等。

（3）生态护岸模式

河道护岸工程是防止城市河道崩岸的有效措施，在抗洪和维护河势稳定中发挥了重要作用。水上护坡主要为浆砌或干砌块石护坡、现浇混凝土护坡、预制混凝土块体护坡或土工模袋混凝土护坡等，在一定程度上具有保护岸坡、维持河道稳定的作用。目前，城市河道治理常用的生态型护岸形式有植物护岸、绿化混凝土植被护岸、土工合成材料护岸和土壤生物工程护岸等。

① 植物护岸。采用根系发达植物进行护坡固土的护岸工程，在水土保持方面有很好的效果。植物护岸是形成以植被为重要组成的保护河坡的生态系统，即生态河堤。植物保护河堤主要用于小河、溪流的堤岸保护和一些局部冲蚀的地方，以保证自然堤岸特性。固土植物可以选择沙棘林、刺槐林、黄檀、龙须草、金银花、油松、黄花、蔓草等，根据该地区的气候选择适宜的植物品种。

② 绿化混凝土植被护岸。广泛用于堤防的迎水面和背水面，高水位或低水位。绿化混凝土主要由多孔混凝土、保水材料和表层土组成。绿化混凝土与普通混凝土相比具有良好的透气性和通水性；具有大孔隙，水上和水中均能生长植物，有动物的生存空间；可以降低护坡造价；机械化作业可缩短工期，保证工程质量。

③ 土工合成材料护岸。土工合成材料主要由聚丙烯、聚乙烯、聚酯、聚酰胺、高密度聚乙烯和聚氯乙烯等原材料组成。在我国应用较为广泛的土工合成材料种植基可分为铁丝网与碎石复合种植基、土工材料固土种植基等。土工材料固土种植基可分为土工网垫固土种植基、土工格栅固土种植基等形式。

④ 土壤生物工程护岸。利用植物对气候、水文、土壤等的作用来保持岸坡稳定，主要作用包括降雨截留、径流延滞、土壤增渗、土层固结、根系的土壤增强、土壤湿度调节、土体支撑、负重和风力传递作用等。常用土壤生物护岸技术包括土壤保持技术、地表加固技术和生物工程综合保护技术。

（4）绿色廊道模式

绿色廊道模式也是河岸带生态修复，在河岸两侧建设一定宽度的植被，乔、灌、草立体配套，形成河流两岸的植被保护缓冲带，减少陆域营养物质的进入，并为生物提供栖息地。绿色廊道建设内容主要包括护堤林带、滩地乔木草植被建设、河岸灌木带、岸坡生物防护带、水生植物带等。

① "两线、两区"划定。"两线、两区"分别指行洪控制线、主行洪线和核心区、过渡区。根据各河段相应防洪标准下的设计洪水淹没线，充分考虑沿河经济现状及发展规划，确定行洪控制线；主行洪线为大部分洪水的行洪通道边界线。主行洪线间的区域即称为核心区；主行洪线与行洪控制线间的区域称为过渡区。

通过历史洪水验证及断面过流能力分析计算，结合现状地形划定行洪控制线及主行洪线，进而明确核心区和过渡区，为河流生态修复的绿色廊道提供参照。

② 退田还河，生态封育。河道的核心区是河流的主要行洪通道，承担大部分行洪任务，也是河势变化最剧烈，生态破坏最严重的区域。拟在核心区进行退田还河封育，禁止种植阻碍行洪的林木及高秆农作物，以保证主行洪通道通畅，加大过流能力；同时封育可

逐步恢复天然植被，减少水土流失，改善河道生态环境。根据沿河经济发展情况及生态环境现状，鼓励有条件的地区在过渡区逐步进行封育，最终实现全面的退田还河，恢复河道天然生态系统。

③ 植物方案设计。无堤防河段在核心区边界补植一定宽度的护岸林带，上游河段护岸林宽度 10m，中下游河段护岸林宽度 20～50m。有堤防河段在堤防迎水侧通过新植或补植乔木，形成 30～50m 宽护堤林带，在迎水侧堤脚外适宜段栽植灌木带，促进堤脚串沟落淤。

确保预留一定主槽行洪宽度，乔木穿带按每 10～20m 宽一条，间隔 300～500m 布设。在河堤距较宽的顺直河段滩地上，顺水流方向穿带宽 20m 间隔 300m，防风防沙；在河堤距较宽的弯道河段，顺水流方向凹岸穿带宽 20m 间隔 300m；凸岸穿带宽 10m 间隔 500m。护堤林及乔木穿带以柳树、杨树为主。

河道岸坎两侧滩地各布设 5～10m 宽灌木带，岸坎边坡采用生物措施防护，对局部陡坎河槽进行削坡处理。

④ 植物种类选择。根据植物移栽特性，确定植物措施实施时间宜为春、秋两季。植物选择杨树、柳树、槐树等。苗源靠当地苗圃就近供应，或结合当地情况，因地制宜，考虑选用其他乡土品种。

⑤ 植物规格及栽植要求。栽植乔木株行距为 2.0m×3.0m，行距要求与水流方向平行。栽植灌木株行距为 0.8m×1.2m，行距要求与水流方向平行。栽植芦苇株行距为 0.35m×0.35m；栽植蒲草株行距为 0.50m×0.50m；栽植水葱株行距为 0.35m×0.35m。

（5）人工湿地模式

① 湿地处理技术概述。湿地具有截留氮、磷营养物质，沉淀泥沙，滤除重金属，调蓄洪水，防风防浪，稳固湖岸，增加生物多样性，改善景观提升旅游价值，增加水产收入等 13 项功能。湿地可分为自然湿地和人工湿地两大类。

② 河流悬浮物降速促沉技术。利用悬浮物在河流中的迁移运动特性及与河流的关系，通过修建挡水建筑物等措施降低水流速度，促使悬浮物沉积，从而减少河流悬浮物，达到净化水质的目的。悬浮物降速促沉技术首先是在河道中修建多级挡水建筑物，即悬浮物拦截沉淀池，为悬浮物的沉降提供了空间。当悬浮沉积物填满悬浮物拦截沉淀池后，采用人工方法将其从池中抽离，进行二次利用。

③ 河道截潜抬水湿生条件改善技术。利用湿地对水体的净化机理及对污染物的拦截作用通过修建挡水建筑物抬高上游水位，增加上游水体淹没面积，改善河滩地湿生条件，在此基础上人工种植湿地植物，形成自然湿地。该技术包括生态护岸、生态潜坝、湿地岛、河流湿地等。

生态护岸：为了维持河流沿岸护岸稳定，在堤防或岸边带的堤脚部位，构筑护岸石笼，在其上部覆土，并种植各种适应性植物。

生态潜坝：拦截地下潜流，增加河道流量，通过局部壅水形成湿生条件，培育湿地环境；抬高河道的侵蚀基点，减小河道底坡，限制河道的进一步下切变深；增加水面，形成跌水，或呈现微型瀑布，丰富河流地貌形态；增加溶解氧含量，提高河流自净能力。

湿地岛：顺水流方向布置、不影响主河道行洪及生态安全。湿地岛上以湿地植物、水中植物为中心，能够形成小动物的自然生育繁育环境；借助湿地植被构成"拦截网"，发挥迟滞流水、防洪防灌的作用。

河流湿地：由一定区域内的地面水及地下水补给，并经常（或周期性）地沿着由它本身所造成的连续延伸的凹地流动。

④ 河流旁侧湿地修建技术。运用生态稳定塘等和表流人工湿地组合技术，通过削减河水污染物来净化河水。首先利用分隔堤将河道分为行洪区和湿地修复区，行洪区是在汛期排出洪水，湿地修复区是通过修建截水坝等挡水建筑物抬高水位形成湿地缓冲区。湿地缓冲区从上游至下游包括截流坝、坝前沉淀区、二次沉淀区、缓冲表流湿地、滞留塘湿地、生态稳定塘、功能表流人工湿地、末端表流湿地。末端表流湿地出水直接进入原河道。

截流坝：保证沉淀塘、滞留塘、生态稳定塘及表流湿地的需水要求和人工湿地水生植物的生长，坝上水深为 0.1~0.3m。

坝前沉淀区：通过截流坝增加水力停留时间，使河水中大的颗粒物得以沉降，水通过坝顶流入二次沉淀区。

二次沉淀区：位于截流坝下游，使进入湿地系统的河水中的悬移质达到人工湿地系统进水的设计值范围。

缓冲表流湿地：进一步降低悬浮物含量。

滞留塘湿地：使进入湿地系统的河水水质均匀稳定，并给整个湿地系统的鱼类在冬季提供存活的空间，采用自由表面流湿地形式，纵向呈锅底状。

生态稳定塘湿地：在滞留塘湿地后可增加生态稳定塘，采用自由表面流湿地形式，纵向呈锅底状。

功能表流人工湿地：滞留塘湿地出水进入该系统，河水水质得到有效改善，采用湿地底部具有填料的表流湿地系统，底部平整；湿地由黏土防渗层、填料层、湿地植物、进出水系统构成。自下而上分布防渗层、填料层、种植层。由配水渠将河水引入湿地系统中，出水端设置导流墙，通过出水控制将出水汇入集水区后再进入表流湿地。功能表流人工湿地四周填土护坡，护坡上种植草坪。

末端表流湿地：功能表流人工湿地的出水进入表流湿地、末端表流湿地，进一步净化。表流湿地、末端表流湿地做成溪流湿地和自由水面湿地等几种形式，并配以景观建设。

⑤ 分区水位控制河口湿地修建技术。在河口地区，根据不同的河床特点，修建多级挡水建筑物，将河道水位抬高到不同的高度，从而增加上游水面面积，改善湿生条件，形成自然湿地。分区水位控制河口湿地修建技术主要包括潜坝、护岸、湿地、生态岛、丁坝等。

潜坝：采用石笼形式，施工材料由石笼和块石组成，根据河床高程及水位修建多级石笼潜坝。一级潜坝减缓水流速度，二级及下游潜坝抬高河流水位。最后一级潜坝防治挖沙及其他人为活动导致的河床下切。

护岸：采用石笼和植物护岸，防止河道两岸遭受洪水冲击。

湿地：通过多级截水坝壅高上游水位，增加水面面积，在壅水的河滩地种植水生植物。

生态岛：在河口区地势比较高的区域通过土地整理及人工种植乔木及灌木提高河口湿地的生态效果，为鸟类等动物提供栖息地，增加生态系统生物多样性。

丁坝：保护两岸耕地和湿地，在河道两岸修建丁坝进行加固处理。建议采用石笼网形式，上方覆盖种植土并种植灌木。

（6）功能建设模式

河流大致分城市段和农村段。城市段是在保持河流廊道连通性及基本健康的前提下，满足城市居民景观休闲和贴近自然的主观需要。农村河段则以自然修复和河流绿色廊道建设为主，主要突出以生物多样性为核心的生态保护，注意河流的缓冲带建设，防止水土流失。

宜居型城镇河流生态建设模式设计思路是城市河、湖的治理要与改善当地的生态环境相结合，尽量使城市河道景观接近自然景观。

休闲观光滨水景观治理模式可分为河道护岸建设、滩地景观建设和拦河坝。

河道护岸建设：采用植物护岸形式，尽可能维持断面原有的自然形态和断面形式。

滩地景观建设：岸坎以上留有 5~10m 生态封育，以草本植物自然恢复为主，对于土质较差、砂砾较多的地方，可以采用覆土植草的方式恢复植被；5~10m 以外的滩地与耕地或林地结合种植果树，形成果品采摘园。

拦河坝：分为橡胶坝和截潜坝。橡胶坝与滩地景观建设相结合，在一些河段修建橡胶坝，形成水上乐园。橡胶坝要根据回水要求及两侧地形条件，选定坝高。坝体主体结构由上游铺盖、橡胶坝底板、消力池、海漫、下游防冲槽及两岸翼墙、控制泵房及水源井等组成。截潜坝与滩地景观建设相结合，在一些河段修建生态潜坝，用于减缓水流速度，创造湿生植物生长条件。潜坝主体由两条石笼组成，坝体中心部分为矩形石笼，宽 1.5m，高 3.0m；坝后石笼为直角梯形，上宽 0.5m，下宽 1.5m，垂直于地表，宽 5.0m，坡度为 1:5；坝前石笼矩形宽 5.0m，高 0.5m，距表土 30cm。为防止坝前回流冲刷河床，坝前开挖部分回填黏土防止渗漏，其他部分回填细沙。石笼潜坝断面如图 4-4 所示。

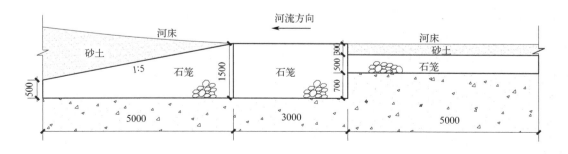

图 4-4　石笼潜坝断面

河流特色历史风貌生态回归模式是通过护岸工程保护、自然湿地净化以及建设生态河道岛屿和滩地等措施，实现对河滩及河岸的整治工作，美化河口河段周边环境，为市民外出提供宁静、休闲的娱乐场所。主要包括潜坝工程、护岸工程、湿地工程、丁坝工程、道路工程、便桥、公共基础设施等。

潜坝工程：采用石笼技术的护岸工程，施工材料由石笼和块石组成，部分区段设置隔离层。铅丝网网线直径不小于 2.2mm，采用镀锌铁丝 8 号线，网目为六角形，尺寸为 150mm×150mm。每个石笼单元长 5m，相邻铅丝笼连接处用镀锌铁丝捆扎牢固。装填石料规格要求单块块石粒径为 300~500mm。

护岸工程：使用生态驳岸对湿地内水岸线进行设计，可以充分保证河岸与河流水体之间的水分交换和调节，同时具有一定的抗洪强度。

湿地工程：包括人工湿地、自然湿地、边滩湿地及滨水区。湿地清淤疏浚工程包括建筑垃圾清除、河槽拓宽和岸线整治。植物种植以芦苇、千屈菜、香蒲、水葱、黄菖蒲、紫鸢尾等为主要种植品种。有条件的地方可以考虑建设生态岛工程。

丁坝工程：对于洪水期水流流速较大的河流（河段），为保护河岸耕地和湿地，在岸坎修建丁坝进行加固处理。丁坝工程建议采用石笼网形式，上方覆盖种植土并种植灌木。

其他工程：道路工程，湿地道路设计立足于场地现状及周围交通情况，道路分为主干道、青石板路和石笼道路三级。停车场的修建要与周边环境相协调，突出环保，有硬化停车线和绿化隔离线，符合生态旅游要求。便桥，生态岛与边滩以便桥连接，河槽中间顺水流方向铺设水泥管，不阻碍行洪。施工中抛石高度达到水塘水面高度时为止，之后再进行涵管吊装施工。涵管之间顶面应水平，侧面应垂直。桥体采用浆砌石砌筑，石料要求片石，无一定规则形状。公共基础设施，如座椅、垃圾箱、标识、观察台等均应符合实际需求。

4.2
辽河双台子区段谷家湿地生态修复及水质净化提升项目案例

4.2.1 项目概况

项目工程位于双台子区双盛街道谷家村，辽河右岸河滩地内，辽河大断面桩号 L38 处，总面积约 70hm²。

工程主要建设内容为辽河双台子区段谷家湿地生态修复及水质净化提升，包括仿自然人工湿地、湿地进出水系统设计、生态驳岸设计、生态环境营造、原位修复工程、植物专项设计、低温环境防冻措施和智慧管理工程等。净化的湿地出水可供盘锦市进行市政回用，也可对辽河干流进行生态补水，维持辽河干流生态流量。

近年来一统河为满足上游用水需求，进湿地水量远低于需水量，导致谷家湿地长期干涸，退化严重。一统河双台子区省控考核监控断面为中华路桥断面，位于谷家排水泵站前 900m。流经双台子区的一统河水体划为Ⅳ类水环境功能区（表 4-1），全年水质基本可以达到地表水Ⅳ类标准（表 4-2）。

表 4-1　地表水环境质量标准部分项目标准限值　单位：mg/L（pH 值除外）

指标	pH 值	化学需氧量	氨氮	总磷	总氮
Ⅳ类	6～9	30	1.5	0.3	1.5

表 4-2　一统河双台子区 2020 年河流水质变化情况　　单位：mg/L

项目	COD_Cr		氨氮		总磷	
	标准值	中华路桥	标准值	中华路桥	标准值	中华路桥
2020 年 1 月	30	41	1.5	0.535	0.3	0.38
2020 年 2 月	30	26	1.5	0.23	0.3	0.21
2020 年 3 月	30	29	1.5	1.321	0.3	0.235
2020 年 4 月	30	25	1.5	0.1485	0.3	0.22
2020 年 5 月	30	24.5	1.5	0.409	0.3	0.11
2020 年 6 月	30	28	1.5	0.21	0.3	0.2
2020 年 7 月	30	25.5	1.5	0.374	0.3	0.165
2020 年 8 月	30	25	1.5	0.1795	0.3	0.08
2020 年 9 月	30	30	1.5	0.094	0.3	0.16
2020 年 10 月	30	30	1.5	0.12	0.3	0.09
平均值	30	30.05	1.5	0.69	0.3	0.22

盘锦市第二污水处理厂处理后出水直接排入辽河，设计日污水处理能力为 10×10^4 t。设计出水排放水质为一级 A 排放标准，目前出水稳定达标（表 4-3）。

表 4-3　基本控制项目最高允许排放浓度　　单位：mg/L（pH 值除外）

序号	污染物或项目名称		一级 A 标准
1	pH 值		6～9
2	悬浮物（SS）		10
3	化学需氧量（COD_Cr）		50
4	氨氮（以 N 计）[②]		5（8）
5	总氮（以 N 计）		15
6	总磷（以 P 计）	2005 年 12 月 31 日前建设的	1
		2006 年 1 月 1 日起建设的	0.5
7	色度（稀释倍数）		30
8	粪大肠菌群数/（个/L）		10^3

注：括号外为水温＞12℃时的控制指标，括号内为水温≤12℃时的控制指标。

辽河干流距离谷家湿地最近国考断面为曙光大桥断面，大部分时间已稳定达到地表水Ⅳ类标准（表 4-4、表 4-5）。

表 4-4　2020 年 1~ 11 月辽河盘锦段曙光大桥断面水质情况　　单位：mg/L

项目	考核目标	化学需氧量	氨氮	总磷	高锰酸盐指数
1 月	Ⅳ	28.0	0.17	0.070	4.8
2 月	Ⅳ	28.0	0.14	0.190	4.4
3 月	Ⅳ	13.8	1.27	0.107	3.8
4 月	Ⅳ	29.3	0.15	0.150	8.3
5 月	Ⅳ	29.0	0.67	0.140	5.4
6 月	Ⅳ	36.0	0.14	0.164	7.4
7 月	Ⅳ	27.7	0.09	0.159	8.3
8 月	Ⅳ	29.7	0.46	0.188	6.6
9 月	Ⅳ	17.7	0.03	0.133	5.3
10 月	Ⅳ	18.0	0.04	0.151	5.0
11 月	Ⅳ	27.3	0.04	0.136	8.3
均值	Ⅳ	25.9	0.29	0.144	6.1

表 4-5　2020 年 1~ 11 月辽河盘锦段曙光大桥断面水质标准　　单位：mg/L（pH 值除外）

标准	类别	pH 值	化学需氧量	氨氮	总磷	总氮
地表水环境质量标准	Ⅳ类	6~9	30	1.5	0.3	1.5
城镇污水处理厂污染物排放标准	一级 A	6~9	50	5(8)	1	15

4.2.2　总体方案

（1）总体目标

① 生态目标。在湿地区域范围内实现生态修复及保护，丰富物种多样性，完善系统食物链结构，打造稳定健康的湿地生态系统。

② 生态流量调节目标。充分利用湿地的调蓄功能，在辽河流量较小时增大生态流量的补给力度，维护辽河干流的最小生态流量。

③ 具体目标。湿地进水为盘锦市第二污水处理厂尾水与部分一统河河水，湿地设计规模为 $10 \times 10^4 \ m^3/d$，人工湿地进水水质按一级 A 标准考虑，湿地污染物削减量以盘锦市第二污水处理厂出水水质为一级 A 进行核算（表 4-6）。

表 4-6　污染物削减量

指标名称	COD_{Cr}	氨氮	总磷	总氮
湿地处理水量/（m³/d）	100000			
进水污染物含量/（mg/L）	50	5	0.5	15
出水污染物含量/（mg/L）	35	4	0.4	13.5
去除率/%	30	20	20	10
削减量/（t/a）	574.5	36.5	3.65	54.75

（2）技术路线

总体技术路线如图 4-5 所示。

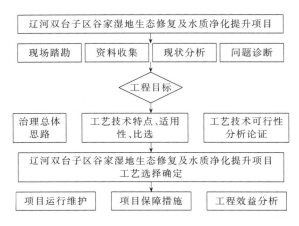

图 4-5　总体技术路线

（3）湿地修复水质净化提升工艺比选

① 方案一。以仿自然人工湿地为核心，通过多塘组合形式和表流湿地强化处理等手段，恢复水生态系统，从而达到湿地削减污染物的目的。

工艺流程为污水厂出水经提升泵站进入预处理区，与一统河来水混合，进入仿自然人工湿地Ⅰ区，经过泵站提升进入仿自然人工湿地Ⅱ区净化处理后排入深度处理区，净化处理后的污水一部分接入周边市政再生水管网，一部分排入辽河。一统河可根据来水量通过水闸调节进入湿地的水量，超过湿地处理能力的水量通过泄洪通道直接排入辽河。

平面设计为湿地系统包括提升泵站 $2500m^2$、预处理区 $35000m^2$、仿自然人工湿地 $425300m^2$、深度处理区 $195800m^2$，结合湿地周边现状及规划，并充分利用地形，保证工程水流通畅、减少水头损失。提升泵站设在西南角；预处理区设在西北角；仿自然人工湿地和深度净化区设在东侧。项目出水自深度净化区至辽河。

竖向布置以功能优先，造景并重；利用为主，改造为辅；因地制宜，顺应自然；填挖结合，土方平衡为原则。拟采用等高线法与断面法相结合，根据现有地形标高，合理配置植物，与其他配套设施相结合，营造高低错落的植物群落。

方案一工艺流程如图 4-6 所示，方案一谷家湿地平面布置如图 4-7 所示。

② 方案二。以"垂直潜流＋表流人工湿地"为主要技术。

工艺流程为污水厂出水通过泵站提升进入预处理区与一统河河水混合均匀后，流入潜流湿地中，经潜流湿地深度净化再进入表流湿地，最终通过生物净化塘净化后，一部分接入市政再生水管网实现污水的再生利用，剩余水量排入辽河。当雨季水量超标时，一统河水直接通过泄洪通道排入辽河。

平面设计为湿地系统包括提升泵站 $1500m^2$、预处理区 $30000m^2$、垂直潜流人工湿地 $200000m^2$、表流人工湿地 $350000m^2$、生物净化塘 $30000m^2$。

方案二工艺流程如图 4-8 所示，方案二谷家湿地平面布置如图 4-9 所示。

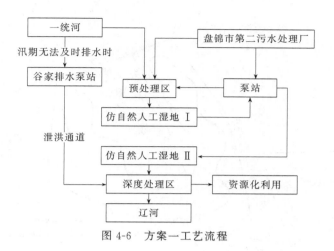

图 4-6　方案一工艺流程

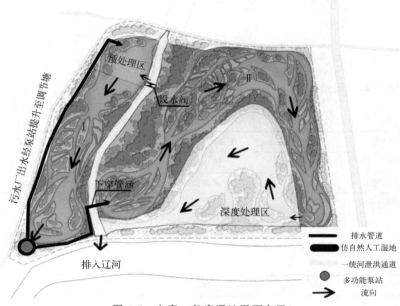

图 4-7　方案一谷家湿地平面布置

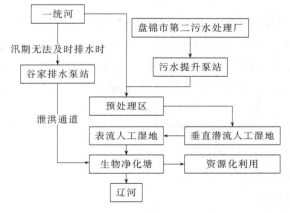

图 4-8　方案二工艺流程

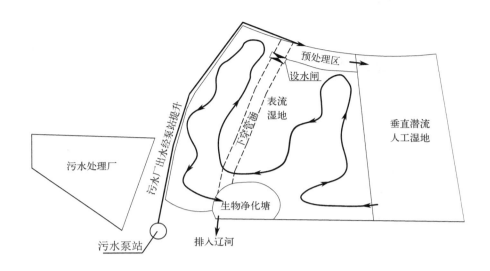

图 4-9　方案二谷家湿地平面布置

方案一与方案二湿地类型的比较见表 4-7。

表 4-7　方案一与方案二湿地类型的比较

项目	仿自然人工湿地	垂直潜流＋表流人工湿地
主要功能	污水净化	污水净化
水力形式	水面推流	垂直渗滤＋表面推流
污染物负荷	较高	高
水力负荷	较高	高
占地面积	较大	较小
生态性	好	一般
投资金额	低	高
运行管理	简单	复杂,存在堵塞问题

从污染物去除能力看，方案二更好；从生态性上说，方案一比方案二更好，更有利于生物多样性恢复，种植植物与当地植物吻合。该项目位于辽河右岸的滩地内，根据辽宁省《辽河流域综合治理与生态修复总体方案》的治理目标，选择生态性更好的湿地建设方案是关键所在。一统河与辽河存在较多泥沙，更易造成方案二潜流湿地的填料堵塞，后期维护成本较大。

综上，选择方案一，仿自然人工湿地。

4.2.3　工程设计

（1）仿自然人工湿地

本工程的仿自然人工湿地，采用多塘组合形式和表流湿地强化处理等。本工程湿地系统采用"预处理＋挺水植物塘＋沉水植物塘＋深度处理区"。

表流人工湿地系统如图 4-10 所示。

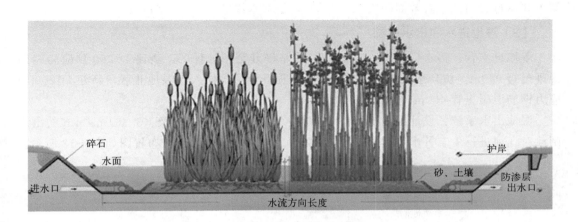

图 4-10　表流人工湿地系统

进水和出水水质见表 4-8。

表 4-8　进水和出水水质

项目	COD$_{Cr}$	氨氮	总磷	总氮
进水污染物含量/(mg/L)	50	5	0.5	15
出水污染物含量/(mg/L)	35	4	0.4	13.5
仿自然湿地去除率/%	30	20	20	10

预处理区使泥沙沉降，对整个系统缓冲，兼顾景观美化。该区设有深塘和水生植物塘，塘内布置曝气机，有效面积约 35000m^2，平均水深 3.0m。

挺水植物塘是利用天然沼泽、废弃坑塘等洼地改造而成的，水深小于 0.5m，填以渗透性良好的土壤，生长各种挺水植物（图 4-11）。

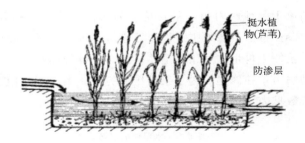

图 4-11　挺水植物塘示意

沉水植物塘是在塘中科学配置沉水植物，全身浸没于水中，属沉水植物带。进一步吸收水体中的营养物质，包括氮、磷等，使污水得到进一步净化。

深度处理区由生物滞留塘构建，是一个菌藻共生系统，利用细菌和藻类等微生物的共同作用处理污水，有次生颗粒物沉降、存储水、动物滤食等效果。基建投资低、运行管理简单和运行费用低。有效面积为 $195800m^2$，平均水深 2.0m。出水口设水质在线监测仪。

（2）湿地进水和出水系统

湿地进水管：污水厂出水管 D1500 经泵站提升至预处理区，新建 D1200 预应力钢筋混凝土管 940m。仿自然人工湿地Ⅰ区经泵站提升至仿自然人工湿地Ⅱ区，新建 D1200 预应力钢筋混凝土管 400m。

湿地出水系统：设计湿地出水市政再生水回用接口和设施，及（3~6）m×4m 的出水闸涵对辽河进行生态补水，建设 $0.15m^3/s$ 再生水回用泵站。管道布置图如图 4-12 所示。

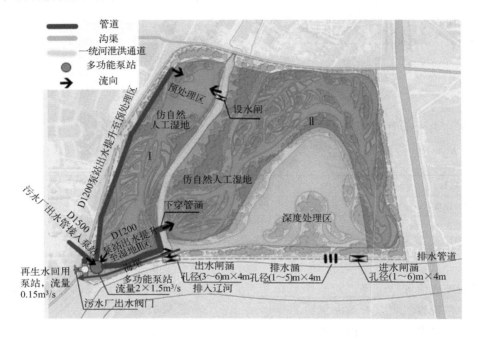

图 4-12 管道布置

泵站：提升泵站位于湿地西南角，主要功能为将污水厂出水提升至湿地拟建预处理区，设计规模 $1.5m^3/s$；将仿自然人工湿地Ⅰ区来水提升至Ⅱ区，设计规模 $1.5m^3/s$；将净化后的再生水提升至便于再生水回用的道路接口，设计规模 $0.15m^3/s$。泵站无人值守，全地下式设计。辅助用房单独修建。为了泵站维修方便，本工程选用潜水泵作为设计的推荐水泵。水泵性能参数见表 4-9。

表 4-9 水泵性能参数

功能分区	单泵流量 $Q/(m^3/s)$	扬程 H/m	台数/台	备注
功能一	0.5	5.5	4(3用1备)	潜水排污泵
功能二	0.5	4	4(3用1备)	潜水排污泵
功能三	0.075	后期需根据服务范围进行核算	3(2用1备)	离心泵

功能一工艺流程：盘锦市第二污水处理厂出水管——→进水闸井——→格栅井——→集水池——→闸阀井——→D1200 压力出水管——→拟建沟渠——→谷家湿地预处理区。

功能二工艺流程：仿自然人工湿地Ⅰ区——→进水闸井——→格栅井——→集水池——→闸阀——→D1200 压力出水管——→仿自然人工湿地Ⅱ区。

功能三工艺流程：深度处理区——→吸水井——→送水泵房——→D300 再生水管道预留接口。

（3）生态驳岸

生态驳岸是湿地与陆路接触的部分，是湿地生态系统向陆地生态系统的过渡地带。该湿地设计中景观驳岸分为木桩驳岸、石笼驳岸 2 种形式。

木桩驳岸：采用天然木材桩沿护岸成排紧密布置，或在木桩内侧加木板或竹片。适合自然风格景观，施工费用较高，是静态的湿地驳岸，利用率高。木桩驳岸典型断面如图 4-13 所示。

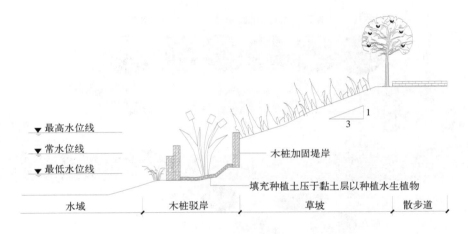

图 4-13　木桩驳岸典型断面

石笼驳岸：采用天然石材堆积而成的护岸结构，其堆积方式可配合周围的景观植物制定。放坡距离短，施工简单，造价较高，可处理高差大的驳岸形式。石笼驳岸典型断面如图 4-14 所示。

低影响开发措施（LID）：结合低影响开发技术设施影响因素及成本，通过生态技术措施，减少径流排放，控制径流污染，保护水质，节约水资源，营造自然生态风貌。主要有植被缓冲带、生物滞留带。

（4）生态环境营造

设计思路：结合盘锦市谷家湿地优势物种种群筛选动、植物群落，通过陆生植物、挺水植物、沉水植物的丰富，形成完整食物链，构建健康的生态系统。生态环境营造示意见图 4-15。

构建措施：工程拟选址场地生境单调，物种单一，水生态系统退化严重，生态环境完全失衡。根据项目现状，构建湿地的生物多样性主要从恢复湿地生境、完善食物链、补投

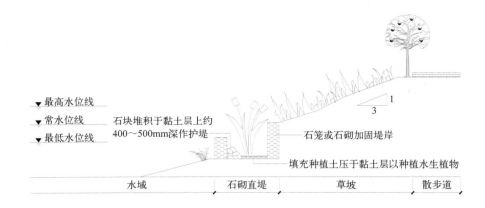

图 4-14　石笼驳岸典型断面

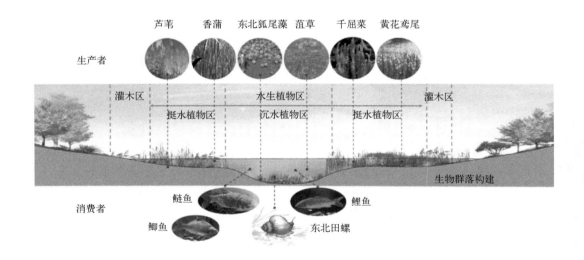

图 4-15　生态环境营造示意

已经消失的必需物种的角度出发。

设计参数：生态岛面积 30000m²。生产者营造：乔木类植物 12000 株，小乔木类植物 10000 株，灌丛类植物 98415m²。后期通过物种调查，投放适量的动物。

（5）原位修复工程

水体流动性及溶解氧水平是确保水质净化措施切实可行的基础，通过原位处理技术，实现水体流动、提高溶解氧水平，以快速达到水质目标并维持长期稳定。其主要措施为人工曝气技术，可用于预处理区、生物净化塘、深度处理区等。

（6）植物专项设计

基于对盘锦市本土植物的调查，根据当地气候、土壤类型和污水水质等条件，选择适合盘锦市生境的植物，并且耐盐碱、去污能力高的植物占有较多的数量。选择芦苇、千屈菜、香蒲、荷花等作为挺水植物先锋物种，选择菹草、苦草、狐尾藻等作为沉水植物先锋物种。

（7）低温环境防冻措施

寒冷气候会使人工湿地系统中的水层及基质层发生冻结，对管道更有可能造成破裂，需要对湿地进行防冻处理。

水温保持：北方人工湿地一般采用冰、雪以及空气层等覆盖的方式，另外要采用覆盖材料进行保温。

管道防冻：采用适宜管材后，注意合理深埋。

（8）智慧管理工程

① 智慧管理信息平台。建立智慧管理信息平台，依托数字化管理体系，综合运用先进的监测技术、自动化控制技术、现代信息通信技术，实现谷家湿地的智慧化综合管控（图 4-16）。

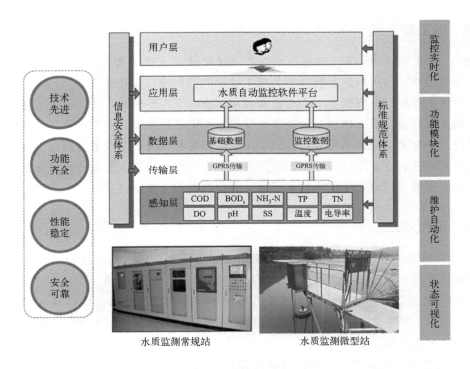

图 4-16　智慧管理信息平台示意
GPRS—通用分组无线业务

② 水质自动监测站。根据工艺设计，在湿地进、出水口及关键点位设置水质自动监测站。监测站采样点指标包括常规五参数（水温、pH 值、溶解氧、电导率、浊度）、化学需氧量、总氮、氨氮、总磷等。

③ 无线视频监控系统。对沿岸关键点位及生物多样性观测点设置无线监控系统，视频监控终端采用室外型高清球形网络摄像机，以及风光供电系统和视频监控平台（图 4-17）。

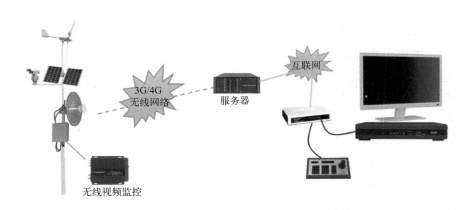

图 4-17   无线视频监控拓扑

4.2.4 施工及运维

施工：要做到场内、场外协同配合，以及做好技术、施工物资、组织队伍、劳动力、合同等方面工作，为项目的顺利开工及施工过程的顺利进行做好准备。

运行维护管理：为巩固本工程的建设成果，确保工程建成后，各系统正常运行并保证工程长期发挥效益，盘锦市双台子区农业发展服务中心作为项目的建设及管理单位，成立相关部门及专业团队对该项目进行管理，在条件具备的情况下采取公开招标第三方运营维护机构的方式进行专业维护，建立长效运维机制，为湿地后期良好运行提供专业保障。双台子区政府将项目运营维护资金纳入年地方财政预算，为本项目提供充分的资金保障。

4.2.5 工程效益

① 社会效益。满足人们日益增长的物质文化生活需要；带动当地经济的发展；提高了人们的环境保护意识；改善当地人居环境；助力双台子区的发展。

② 环境效益。降解污染和净化水质；增加生物多样性；增加水体环境容量；防止水土流失；调节区域水文、气候；水质净化湿地、湿地生态修复等一系列工程的实施，大大改善流域的生态景观。

③ 经济效益。促进当地经济的可持续发展；提升水资源经济价值；拉动旅游业的经济价值。

4.2.6 谷家湿地生态修复及水质净化提升项目成效分析

本项目实施湿地及水质净化提升项目建设，充分考虑多个条件，将项目区建成集污水处理与生态建设于一体的生态湿地，恢复河道生态缓冲功能和污染物净化能力，改善水质，减轻辽河流域水体污染负荷，维持流域水生态系统的良性循环。

工程建成后将产生巨大的环境效益、社会效益、经济效益。以盘锦市第二污水处理厂出水水质为一级 A 标准进行核算，预计 COD_{Cr} 年最大削减量 547.5t，氨氮年最大削减量 36.5t，总磷年最大削减量 3.65t，总氮年最大削减量 54.75t。以 2020 年出水水质为基准，COD_{Cr} 年削减量 223.38t，氨氮年削减量 1.86t，总磷年削减量 0.70t，总氮年削减量 34.57t。可削减辽河污染物负荷，改善水体水质，起到涵蓄水源、调节水量的作用，提升辽河流域生态环境质量，保障辽河水质稳步提升，也为远期盘锦市第二污水处理厂的尾水回用提供条件。工程建成后，该区湿地生态得到修复，生物多样性得到增强，生态环境质量和稳定性得到提升。

第5章 重污染河流治理绩效评估

5.1
重污染河流治理绩效评估概述

5.1.1 概念和定义

绩效评估是一个系统性的过程，用于评估和衡量组织、项目或政策的绩效，旨在通过收集、分析和解释相关数据和信息，对实际绩效与预期目标之间的一致性和差距进行评估，以及评估绩效管理和改进的效果。绩效评估的概念和定义概括如下。

（1）目标导向性

绩效评估是基于设定的目标和标准进行的，旨在衡量实际绩效与预期目标之间的一致性和差距，确定绩效的优势和改进方向。通过对目标的评估，绩效评估可以帮助确定组织、项目或政策的成功与否，以及取得的成果和效益。

（2）数据收集与分析

绩效评估依赖于有效的数据收集和分析，包括定量数据（如统计数据、指标数据）和定性数据（如观察、访谈、问卷调查等）的收集。通过收集和分析数据，可以获得有关绩效的准确和全面的信息。数据的收集和分析方法应当具备科学性和可信度，确保数据的可靠性和可比性。

（3）绩效指标

绩效评估使用指标来衡量和评估绩效。指标是衡量特定方面的量化或定性度量标准，应该与组织、项目或政策的目标和战略一致，并能够反映关键绩效要素。绩效指标可以包括成果指标（如产出、效益）、效率指标（如资源利用情况）、质量指标（如服务质量）和影响指标（如社会经济影响）等。

（4）绩效评估方法

绩效评估采用多种方法和技术，以获取有关绩效的评估结果。常用的方法包括定量方法（如数据分析、统计模型）和定性方法（如案例研究、访谈、焦点小组讨论）。绩效评估方法的选择应根据评估的目的、可行性和有效性进行，并结合数据收集的需求和可用资源。

（5）反馈与报告

绩效评估的结果应及时反馈给利益相关方，并以清晰、准确的方式进行报告。报告应包括评估的方法、结果、结论和建议，以支持决策和改进过程。反馈和报告应向利益相关方提供有关绩效状况的客观和可理解的信息，以便能够做出明智的决策和行动。

（6）持续改进

绩效评估是一个持续的过程，旨在促进持续的改进和提高绩效。通过定期进行绩效评估，可以识别绩效的变化趋势、问题和改进机会。评估结果应用于制订改进措施和调整目标，形成闭环反馈，推动组织、项目或政策的持续改进。

5.1.2　意义和目标

绩效评估的意义和目标在于提供决策支持、促进资源优化、提高绩效和成果、实现透明度和问责制，以及促进学习和知识积累。通过有效的绩效评估，可以帮助组织、项目或政策实现可持续的发展和持续改进。

（1）提供决策支持

绩效评估提供了数据和信息，为决策制定提供支持。通过评估绩效，可以了解组织、项目或政策的强项和弱项，确定改进的重点和优先级，以支持决策的制定和资源的分配。绩效评估结果为决策者提供了客观的依据，帮助他们做出明智的决策，并采取相应的行动来改进绩效。

（2）促进资源优化

绩效评估可以帮助优化资源的配置和利用。通过评估绩效，可以确定资源的使用效率和效益，识别存在的浪费或瓶颈，并制定相应的改进措施。绩效评估还可以揭示资源不足或过剩的问题，以便合理分配资源，确保资源的最佳利用和组织的可持续发展。

（3）提高绩效和成果

绩效评估的目标之一是提高绩效和成果。通过评估绩效，可以确定成功的因素和关键的绩效驱动因素，以便进一步发展和利用这些因素。绩效评估还可以揭示存在的问题和挑战，为改进绩效提供改进措施和解决方案。通过持续评估和改进，可以不断提高绩效水平，实现更好的成果和效益。

（4）实现透明度和问责制

绩效评估有助于建立透明度和问责制。通过公开和分享评估结果，可以提高组织、项目或政策的透明度，使利益相关方了解绩效状况和取得的成果。绩效评估还可以为问责制提供依据，通过评估结果确定责任和追究责任，推动绩效管理和决策的问责制。

（5）促进学习和知识积累

绩效评估为学习和知识积累提供了机会。通过评估绩效，可以识别成功的实践和经验教训，为组织、项目或政策的学习和知识积累提供参考。绩效评估还可以促进不同组织、项目或政策之间的经验分享和合作，加速知识的传播和应用，推动整体绩效的提升。

5.1.3 方法论和指标体系

治理绩效评估的方法论和指标体系是为了衡量和评估治理措施的有效性、效率和影响力。下面是一些常用的方法论和指标体系。

（1）方法论

① 逻辑框架分析（logical framework approach）。逻辑框架分析是一种系统化的方法，用于确定治理绩效评估的目标、指标、活动和结果之间的逻辑关系，涉及确定问题陈述、目标层次、中介结果、活动和指标，并建立因果链条。逻辑框架分析提供了一个清晰的结构，帮助评估者理解治理措施的逻辑框架和实现路径。

② 质量评估（quality assessment）。质量评估关注治理措施的质量和实施成果，使用一系列标准和指标来评估治理措施的可行性、有效性、可持续性和适应性等方面的质量。质量评估可以通过问卷调查、专家访谈、文件分析等方法收集数据，并使用定性和定量的方法进行评估和分析。

③ 影响评估（impact assessment）。影响评估旨在衡量治理措施对目标社会、环境和经济等方面的影响，关注治理措施的实际效果和改变，并评估其对利益相关方和整体社会的影响程度。影响评估可以使用定量和定性的方法来收集数据和分析结果，例如基线调查、统计数据分析、案例研究和利益相关方调研等。

④ 成本效益分析（cost-benefit analysis）。成本效益分析用于比较治理措施的成本与其所带来的效益，将预期效益和成本进行量化，并进行货币化，以便进行综合评估和比较。成本效益分析考虑了治理措施的经济效益、社会效益和环境效益，帮助决策者了解措施的经济可行性和效益分配。

⑤ 可持续性评估（sustainability assessment）。可持续性评估关注治理措施的长期效果和可持续性，评估措施的能力，以满足当前和未来的需求，并确保资源的合理使用和保护。可持续性评估涉及环境影响评估、社会影响评估和经济影响评估等方面的指标和方法。

（2）指标体系

① 治理效能指标。治理效能指标用于衡量治理措施在实施过程中的效率和有效性，包括治理机构的效能、政策实施的效果、资源利用的效率等方面的指标。例如，治理机构的决策速度、决策结果的质量、资源使用的效率等可以作为治理效能指标的衡量标准。

② 治理公正指标。治理公正指标评估治理措施是否公正、平等和透明，关注资源分配的公正性、利益相关方的参与程度、决策过程的透明度等方面的指标。例如，公众参与的程度、利益相关方的权益保护程度、决策过程的信息公开程度等可以作为治理公正指标的衡量标准。

③ 可持续发展指标。可持续发展指标评估治理措施对社会、环境和经济可持续发展的贡献，包括环境保护、社会公益和经济增长等方面的指标。例如，污染物排放减少程度、生态系统恢复情况、社会公益项目实施情况、经济增长率等可以作为可持续发展指标

的衡量标准。

④ 创新与适应性指标。创新与适应性指标评估治理措施是否具备创新性和适应性，关注措施对新兴挑战的应对能力、灵活性和创新性等方面的指标。例如，措施是否引入了新的技术或方法、是否具备应对变化的能力、是否能够适应不同的环境和情境等可以作为创新与适应性指标的衡量标准。

⑤ 利益相关方参与指标。利益相关方参与指标评估治理措施中利益相关方的参与程度和贡献，包括公众参与的程度、利益相关方的反馈和参与过程的透明度等方面的指标。例如，利益相关方参与的数量和质量、参与过程的公开和透明程度等可以作为利益相关方参与指标的衡量标准。

5.1.4　污染河流治理绩效评估国内外研究现状

污染河流治理绩效评估是一个重要的研究领域，国内外学者和机构已经开展了许多相关的研究工作。以下是污染河流治理绩效评估的国内外研究现状概述。

（1）国内研究现状

① 指标体系构建。国内研究着重构建适合国内实际情况的污染河流治理绩效评估指标体系。研究者通过综合考虑水质、生态、社会经济等方面的指标，建立了一系列评估指标，用于衡量治理效果和绩效。

② 绩效评估模型。在绩效评估方法方面，国内研究采用了多种模型和方法，如层次分析法、模糊综合评价法、灰色关联度分析等。这些模型可以较全面地评估治理效果，为决策提供科学依据。

③ 案例研究。国内研究通过实地调查和案例研究，分析了不同地区、不同治理阶段的污染河流治理绩效。研究者评估了不同治理措施对水质改善、生态恢复等方面的影响，并总结了成功案例和经验教训。

④ 政策建议。基于绩效评估研究成果，国内学者提出了相应的政策建议，强调了治理过程中的公众参与、政府监管、技术创新等重要因素，并提出了加强水污染防治和河流保护的政策措施。

（2）国际研究现状

① 跨国流域合作。国际研究关注跨国流域治理的绩效评估。研究者通过分析不同国家和地区的治理措施和合作机制，评估了跨国流域治理的效果和绩效，为跨国流域管理提供了参考。

② 跨学科研究。国际研究强调跨学科的研究方法，综合考虑了自然科学、社会科学和工程技术等领域的知识。研究者通过综合分析水质、生态系统、社会经济等多个方面的数据，全面评估治理绩效。

③ 案例对比。国际研究通过比较不同国家和地区的污染河流治理案例，总结了成功经验和失败教训。这些研究为各国制定河流治理策略和政策提供了重要参考。

④ 决策支持工具。国际研究还开发了一些决策支持工具，用于评估治理绩效和预测未来发展趋势。这些工具结合了模型模拟、数据分析和空间信息技术，为决策者提供科学

依据。

综合而言，国内外的研究在污染河流治理绩效评估方面都取得了一些重要成果，为河流治理提供了科学的评估方法和决策支持。然而，仍有待进一步加强研究合作、提升评估指标的完善度和准确性，并加强实践应用，推动污染河流治理绩效评估的理论和实践发展。

5.2
污染河流治理工程绩效评估指标体系的构建

5.2.1 构建科学合理适应性好指标体系的要求

（1）污染物属性

不同污染物具有不同的化学特性和环境行为。例如，COD可以反映有机污染物的浓度，BOD_5衡量有机物的生物降解能力，NH_3-N是水体中氨的浓度指标，TP可以用来评估水体富营养化程度。通过综合考虑这些指标，可以对不同类型的污染物进行综合评估。

（2）影响程度

不同污染物对生态环境的影响程度也是重要的考虑因素。例如，某些污染物可能对水生生物产生直接毒性，而其他污染物可能导致富营养化和水体生态系统的破坏。因此，评估指标体系应该考虑到这些不同的生态影响，并赋予不同污染物适当的权重。

（3）地形

不同地形的水体具有不同的水流速度、水体深度和水体自净能力。例如，山区的水体可能具有较快的水流速度和较强的自净能力，而平原地区的水体可能较为缓慢且易于积水。因此，在指标体系中应考虑到地形因素对污染物输送和降解的影响。

（4）气候

气候条件对污染物扩散和降解速度有显著影响。例如，在高温和强日照条件下，污染物的降解速度可能更快，而寒冷条件下可能较慢。在指标体系中，应考虑到气温、日照时间和降水等气候因素，以更准确地评估污染物的环境行为。

（5）人口密度

人口密度与污染源的分布和排放量密切相关。高人口密集地区通常伴随着更多的工业和城市排放源，可能导致水体污染。因此，在指标体系中，应考虑到人口密度对污染源数量和污染物浓度的潜在影响。

（6）数据可得性

在构建指标体系时，应考虑可获取的监测数据的可靠性和覆盖范围。监测数据可以来自政府机构、环境监测站点、研究机构等。确保监测数据的采集方法、质量控制和数据可靠性，以便构建准确可靠的指标体系。监测数据中可能存在缺失值，由于监测设备故障、数据传输问题或其他因素导致的。在指标体系构建过程中，需要考虑如何处理缺失值，可以采用插值方法、统计推断或其他适当的技术来填充缺失值，以确保指标体系的完整性和准确性。

（7）数据保护

隐私保护是在处理监测数据时，需要遵守隐私保护法律和规定，确保个人隐私和敏感信息的安全。可以采取数据匿名化的方法，去除可能识别个人身份的信息，以保护数据的隐私性。监测数据的安全性也是至关重要的。采取适当的数据安全措施，例如加密数据传输、建立访问权限控制和安全存储系统，以防止未经授权的访问、数据泄露或滥用。

5.2.2　指标选取建议

污染河流治理绩效评估是评价治理工作效果和成效的重要手段，为了全面准确地评估治理工作的效果，需要选择合适的指标。以下是针对污染河流治理绩效评估指标选取的建议，包括污染物排放源头管控、污水收集运输处理设施建设、河道生态修复和河道水质环境监测等方面。

（1）污染物排放源头管控方面的指标

① 污染物排放量减少率。该指标可具体针对不同污染物进行计算。例如，对大气污染物，可分别计算二氧化硫（SO_2）、氮氧化物（NO_x）、挥发性有机物（VOCs）等的减少率。可以通过对比治理前后的排放数据，计算污染物的减少百分比或绝对量来衡量。

② 排放标准达标率。该指标评估排放源头是否达到相关的排放标准。对大气污染物，可以统计不同污染物的浓度是否低于国家或地方标准限值，并计算达标率。对水污染物，可以统计废水排放是否符合排放标准，并计算达标率。

③ 污染物减排技术应用率。该指标衡量治理工作中采用先进减排技术的程度。可以具体列出采用的减排技术，如烟气脱硫、烟气脱硝、废水处理等，并计算其在治理工作中的应用率。可以通过统计项目数量、技术安装比例或减排效果来评估。

（2）污水收集运输处理设施建设方面的指标

① 污水处理覆盖率。该指标评估治理工作中建设的污水处理设施对特定区域内污水的收集和处理情况。可以统计覆盖的人口数量、家庭数量或区域面积比例，以衡量污水处理设施的普及程度。

② 污水处理能力利用率。该指标衡量污水处理设施实际处理能力的利用程度。可以通过监测处理设施的处理量和设计容量计算利用率。可以反映处理设施是否有效利用，以满足实际需求。

③ 污水处理效果评估。该指标涉及处理后水质的监测和评估。可采用 COD、BOD、NH_4^+-N 浓度等常规水质指标，通过对比治理前后的水质数据，可以评估治理工作对水质的改善效果。

（3）河道生态修复方面的指标

① 水生态系统健康指数。该指标综合评估河流水生态系统的健康程度。可以通过水生物多样性调查、鱼类种类数量、底栖动物群落结构等指标，计算水生态系统健康指数。

这些数据可以通过野外调查、生物监测和统计分析得到。

② 河岸带植被覆盖率。该指标评估河流河岸带植被的恢复情况。可使用遥感技术获取河岸带植被信息，并结合野外调查，计算河岸带的植被覆盖率。治理前后的数据对比可以显示植被恢复的程度。

③ 河道自净能力评估。该指标衡量河流自然净化和修复能力。可以监测溶解氧含量、氮磷物质去除等指标，评估河流的自净能力，以及治理工作对自净能力的影响。

（4）河道水质环境监测方面的指标

① 水质指标监测覆盖率。该指标评估水质监测网络的覆盖情况。可以考虑监测站点的分布密度、监测频率和监测参数的全面性。更好的覆盖率能够提供更准确的水质评估结果。

② 水质状况评估。该指标根据水质监测数据对水体进行评估。可使用常见的水质指标，如 pH 值、溶解氧含量、总悬浮物浓度、化学需氧量等，判断水质状况的好坏。

③ 水质改善效果评估。该指标通过对比治理前后的水质数据，评估治理工作对水质的改善效果。可以计算关键水质指标的变化率，如浊度、溶解氧含量、重金属浓度等，评估治理工作的成效。

5.2.3 绩效评估指标体系框架设计

作为开展工程或者项目绩效评估工作载体的绩效评估指标对绩效评估效果具有重要的影响，也就是结构合理、科学、全面的指标有利于良好的绩效评估。根据上述理论分析，依托压力-状态-响应（P-S-R）概念模型，可以将河流治理工程绩效评价体系分为 3 个水平。第一级为 3 个子系统：经济效益评价子系统、生态环境效益评价子系统和社会民生效益评价子系统。第二级是评价的主题。为了系统结构具有层次性，每个子系统有 3 个评估主题，共确定了 9 个评价主题，反映了各个子系统的内涵和 3 个评价主题的相关性，同时也为三级指标的筛选提供了指导作用。评价主题部分是过渡性的评价内容，没有具体指标值。第三级是具体的评价指标，以评价主题为选择方向，在评价主题的框架下筛选具体指标，以这些具体指标反映每个子系统的总体情况，从而反映整个评价指标体系的总体情况。

5.2.4 绩效评估指标体系指标选择

（1）可行性指标筛选

在拟议指标的初步清单中，所设计的指标体系要更全面地涵盖治理项目的所有主要环境影响因素，但可能存在一些缺陷，例如指标数目繁多以及指标之间的部分重复。这些缺陷不仅会增加后续评估的计算量，而且会影响性能评估的准确性，因此应进行筛选。在建立指标体系的过程中，有必要对指标清单中提出的指标进行改进和创新。指标体系的全面性并不完全取决于不同指标的数量，指标盲目的积累将导致评估体系的混乱。建立合理的指标体系应努力以最少的指标提供最全面的信息。同时，随着治理项目中各种环境因素的状况不断变化，随着区域调查的深入，一些指标需要逐步完善，有些指标与当前环境管理现状不完全一致。根据清单，使用了一些方法来对指标体系中的指标进行深入分析并删除缺陷指标。

　　评估评价指标有效性的方法主要包括小组经验判断法、德尔菲法和熵权法。根据相关研究成果，采用德尔菲法和频率统计法选择可行性指标。相关研究领域的专家对指标体系的指标进行独立排名，确定指标的相对重要性、得分和排名指标。在此基础上，结合辽河流域的实际情况和历史数据，分析特定指标是否具有纳入指标体系的意义，并精心选择指标。在选择指标时，研究数据的可用性和可靠性也是要考虑的因素。

　　删除指标和删除原因见表 5-1。

表 5-1　删除指标和删除原因

序号	指标层	删除理由
1	土地结构布局比例	现有数据量不足以设立该指标
2	项目管理质量	现有数据准确性不高
3	大型底栖动物污染指数 MPI	现有数据量不足以设立该指标
4	水资源配置能力提高程度	现有数据量不足以设立该指标
5	环境风险预警准确率/%	现有数据量不足以设立该指标
6	平台稳定运行率/%	现有数据量不足以设立该指标
7	实时监控企业数量/个	现有数据量不足以设立该指标
8	环境、水利普法宣传人数/万人	流域内该项数据难以获取
9	排污费征收情况/万元	现有数据准确性不高

（2）指标体系中指标的确定

　　污染河流治理绩效评估是评价治理工作效果和成效的重要手段，为了全面准确地评估治理工作的效果，需要选择合适的指标。结合当前国内外相关工程绩效评估研究案例，考虑指标筛选原则，通过指标可行性共筛选 25 项指标。重污染河流治理工程绩效评估三级评价指标如表 5-2 所示。

表 5-2　重污染河流治理工程绩效评估三级评价指标

子系统 A	评价主题 B	具体指标 C
经济效益 A_1	投入产出效益 B_1	沿岸土地增值率 C_1
		产业结构调整变化值 C_2
	工程施工效益 B_2	工程完成率 C_3
		工程资金使用充分性 C_4
		工程质量合格率 C_5
	污染减排效益 B_3	万元 GDP(国内生产总值)能耗下降率 C_6
		COD 减排率 C_7
		TN 消减率 C_8
		TP 消减率 C_9

续表

子系统 A	评价主题 B	具体指标 C
生态环境效益 A_2	水体环境质量 B_4	COD_{Cr} 净化率 C_{10}
		BOD_5 净化率 C_{11}
		DO 上升率 C_{12}
		NH_3-N 净化率 C_{13}
		TP 净化率 C_{14}
	河岸带景观生态质量 B_5	植被覆盖率 C_{15}
		景观多样性指数 C_{16}
		人为干扰指数 C_{17}
	水体生境状态 B_6	浮游植物密度 C_{18}
		生物量变化 C_{19}
		生物多样性指数 C_{20}
社会民生效益 A_3	人居环境公众满意度 B_7	居住环境满意度 C_{21}
	基础设施发展系数 B_8	城市生命线完好率 C_{22}
		文体活动设施使用率 C_{23}
	环保管理水平 B_9	环保绩效权重 C_{24}
		环境监管能力 C_{25}

（3）绩效评估指标含义与计算方法

① 沿岸土地增值率 C_1。沿岸土地增值率是指对河流进行特殊污染处理前后单位土地面积转让费增加的比例，用于评估环境改善所带来的增值收益。调查河流污染控制项目和环境改善对土地增值的影响，并反映特殊待遇带来的直接经济效益。

$$沿岸土地增值率 = \frac{专项治理后单位土地面积出让金 - 专项治理前单位土地面积出让金}{专项治理前单位土地面积出让金}$$

$$(5-1)$$

② 产业结构调整变化值 C_2。产业结构调整变化值是指用三大产业占比变化值，考察河流污染治理后带动产业结构的调整状况。

$$三大产业 GDP 占比 = \frac{各产业 GDP}{GDP 总量} \tag{5-2}$$

③ 工程完成率 C_3。工程完成率是基于实际工程进度与计划进度之间的比较来评估河流污染控制工程的进度，是工程实施投资有效性的直接指标。

$$工程完成率 = \frac{专项治理实际工程进度}{专项治理计划工程进度} \tag{5-3}$$

④ 工程资金使用充分性 C_4。工程资金使用充分性是按实际工程使用资金总额与工程总投资对比，用来考核河流污染治理工程的资金使用情况。

$$工程资金使用率 = \frac{工程使用资金总额}{工程总投资} \tag{5-4}$$

⑤ 工程质量合格率 C_5。实施河流污染治理各项工程的质量合格率是实施考察投入有效性的直接指标。

$$工程质量合格率 = \frac{专项治理工程合格数量}{专项治理工程总数} \tag{5-5}$$

⑥ 万元 GDP 能耗下降率 C_6。万元 GDP 能耗下降率是衡量一个地区能耗水平的综合指标。单位 GDP 能耗是指一个地区单位 GDP 生产所消耗的能源，通常按万元 GDP（折算成标准煤）的能耗计算。它是衡量一个地区能耗水平的综合指标。

$$万元\ GDP\ 能耗 = \frac{能源消费总额（折标准煤吨）}{GDP\ 产值（万元）} \tag{5-6}$$

⑦ COD 减排率 C_7、TN 消减率 C_8 和 TP 消减率 C_9。不同阶段主要污染物控制种类不同，根据水专项课题特点，水环境污染物化学需氧量 COD、TN、TP 是关键性指标。COD、TN、TP 排放源包括工业、生活（城市和农村）、畜禽污染和农业面源。

$$COD\ 减排率 = \frac{新增排放量 - 新增消减量}{核算期\ COD\ 排放量} \tag{5-7}$$

$$TN\ 消减率 = \frac{新增排放量 - 新增消减量}{核算期\ TN\ 排放量} \tag{5-8}$$

$$TP\ 消减率 = \frac{新增排放量 - 新增消减量}{核算期\ TP\ 排放量} \tag{5-9}$$

⑧ 水质指标净化率。根据 GB 3838—2002 地表水环境质量标准基本项目，筛选具有影响性、代表性的可操作性，能够适用于大量数据的采集和分析且易行的指标。最终，选用 DO、COD_{Cr}、BOD_5、$NH_3\text{-}N$ 和 TP 作为水体污染的 5 个关键指标。

$$COD_{Cr}\ 净化率（\%） = \frac{处理前\ COD_{Cr}\ 含量 - 处理后\ COD_{Cr}\ 含量}{处理前\ COD_{Cr}\ 含量} \tag{5-10}$$

$$BOD_5\ 净化率（\%） = \frac{处理前\ BOD_5\ 含量 - 处理后\ BOD_5\ 含量}{处理前\ BOD_5\ 含量} \tag{5-11}$$

$$DO\ 上升率（\%） = \frac{处理前\ DO\ 含量 - 处理后\ DO\ 含量}{处理前\ DO\ 含量} \tag{5-12}$$

$$NH_3\text{-}N\ 净化率（\%） = \frac{处理前\ NH_3\text{-}N\ 含量 - 处理后\ NH_3\text{-}N\ 含量}{处理前\ NH_3\text{-}N\ 含量} \tag{5-13}$$

$$TP\ 净化率（\%） = \frac{处理前\ TP\ 含量 - 处理后\ TP\ 含量}{处理前\ TP\ 含量} \tag{5-14}$$

⑨ 植被覆盖率 C_{15}。植被覆盖率是河岸植被覆盖率与该地区土地面积的比值，是植被资源和绿化程度的重要指标。它反映了和谐城市建设中的环境保护和管理水平。

$$植被覆盖率（\%） = \frac{植被面积}{所在区域土地面积} \tag{5-15}$$

⑩ 景观多样性指数 C_{16}。景观多样性是指在空间结构、功能机制和时间动态方面不同类型景观的多样性和变异性。它主要反映了景观类型及其比例的变化，并揭示了景观结构的复杂性。多样性指数越高，景观功能越强，反之亦然。

$$H = -\sum_{i=1}^{t} P_i \ln P_i \tag{5-16}$$

式中　H——景观多样性指数（H越大，则景观多样性越高）；

　　　P_i——第i种景观类型所占总面积的比例；

　　　t——景观类型总数。

⑪ 人为干扰指数C_{17}。人为干扰指数是度量人类对景观干扰程度的指标，干扰指数越高，表明人类对景观的干扰强度和开发利用程度越高。

$$人为干扰指数 = \frac{人为景观面积}{自然景观面积} \tag{5-17}$$

⑫ 浮游植物密度C_{18}。浮游植物是水生食物链的基础，对环境变化非常敏感。其主要物种、物种组成和生物量因水体中营养成分、含量和其他因素的变化而发生变化。可指示生物的程度和生态恢复水平。在城市污染的河流中，浮游植物的密度非常低，严重破坏了水生食物链。因此，如果浮游植物的密度增加，则表明河流污染控制是有效的。对于城市污染的河流，浮游植物的密度越高，水的生境条件越好，河流治理的效果越明显，但是浮游植物的密度不能超过10^7个/L，否则会发生水华。

$$N = \frac{G_s}{F_s F_n} \times \frac{V}{U} \times P_n \tag{5-18}$$

式中　N——每升水中浮游植物的数量；

　　　G_s——计数框面积，mm^2；

　　　F_s——一个视野面积，mm^2；

　　　F_n——计算视野数；

　　　V——1L 水样沉淀后浓缩的体积，mL；

　　　U——计数框容积，mL；

　　　P_n——一个视野下所记的浮游植物的个数。

⑬ 生物量变化C_{19}。生物对河流环境的变化具有较强的敏感性，不仅是对河流健康程度评价的重要指标，同时也是生态完整性的体现。生物量随着污染的增加而降低；指数随着水质改善、栖息地多样性和稳定性的增加而增加。生物量变化主要以鱼类数量多度表示。

$$鱼类数量多度 = \frac{鱼类个体数}{每公顷水体面积} \tag{5-19}$$

⑭ 生物多样性指数C_{20}。生物多样性是河流健康的重要指标，它随河流污染状况的变化而变化，河流污染越严重，河流生物越贫乏。

$$生物多样性指数 = -\sum_{i=1}^{s} \left(\frac{N_i}{N}\right) \log_2 \left(\frac{N_i}{N}\right) \tag{5-20}$$

式中　s——样品中物种数；

　　　N_i——样品中第i种生物的个体数；

　　　N——样品中生物总个体数。

⑮ 居住环境满意度C_{21}。公众满意度是指将公众作为城市管理服务的对象，在参与河

流污染控制过程中体验河流污染的结果，将其实际感受与预期进行比较，是一种管理项目的主观评价。公众对生活环境的满意度反映了居民对河流管理质量和公众参与社会的总体看法。通过问卷调查获取。

⑯ 城市生命线完好率 C_{22}。城市生命线的完好率是衡量城市社会发展、城市基础设施建设水平和生态安全的重要指标。城市生命线系统包括：供水线路（a）、供电线路（b）、供热线路（c）、供气线路（d）、交通线路（e）、消防系统（f）、医疗应急救援系统（g）和地震等自然灾害应急救援系统（h）。在河道治理后的较短时期内，交通线路可能会得到较快的发展，是衡量生命线发展的主要指标。

$$城市生命线完好率 = \frac{a\% + b\% + c\% + d\% + e\% + f\% + g\% + h\%}{8} \tag{5-21}$$

⑰ 文体活动设施使用率 C_{23}。文体活动设施是经济和社会发展不可或缺的条件，如果做得好，可以为发展积蓄能量、增添后劲，如果滞后，它可能成为限制经济和社会发展的瓶颈。通过问卷调查获取。

⑱ 环保绩效权重 C_{24}。政府环保绩效评估是对政府环境管理活动进行评估的有组织的社会活动。目的是为公众和社会提供高质量和高效的环境服务，并提升政府的环保绩效。实绩考核中的环保绩效权重，具体而言是指在经济建设、政治建设、文化建设、社会建设和党的建设等方面的领导干部实绩考核内容中，环境保护工作的考核权数（总权数以 100 为计）。

$$环保绩效权重 = \frac{环保绩效权数}{实际考核总权数} \times 100\% \tag{5-22}$$

⑲ 环境监管能力 C_{25}。环境监管能力是政府环境绩效指标体系中的主要功能指标，反映了维持秩序、保护环境和其他执法活动的能力。主要体现环境保护中投入和产出的效率、环境法律法规的完善程度、规范有效执法的能力以及服务对象（企业和公众）的满意程度。

$$环境监管能力 = \frac{环保投入产出率 \times 2 + 法规完善程度 + 规范有效执法能力 + 服务对象满意程度}{5}$$

$$\tag{5-23}$$

5.3
绩效指标权重确定方法论

5.3.1　PCA 法

主成分分析（principal component analysis，PCA）是一种常用的数据降维和特征提取技术，通过线性变换将原始数据投影到新的特征空间，使得投影后的特征具有最大的方差，从而保留了原始数据最重要的信息。

在污染河流治理绩效评估中，可以使用 PCA 法确定权重，以评估不同指标在绩效评估中的重要性和贡献度。下面是使用 PCA 法确定权重的详细步骤。

① 确定评估指标。用于评估污染河流治理绩效的相关指标。这些指标可以包括水质指标（如溶解氧、氨氮、总磷等）、生态指标（如生物多样性指数、鱼类数量等）、污染物排放指标（如化学需氧量、总氮、总磷排放量等）等。确保所选指标能够全面反映污染治理的效果。

② 数据收集和预处理。收集每个指标的相关数据，并对数据进行必要的预处理，例如去除异常值、填补缺失值、标准化或归一化数据等，以确保数据在进行 PCA 之前是可比较的。

③ 构建指标矩阵。将预处理后的数据组织成一个指标矩阵，其中每行代表一个样本（例如不同时间点的观测值），每列代表一个评估指标。

④ 计算协方差矩阵。使用指标矩阵计算指标之间的协方差矩阵。协方差矩阵反映了指标之间的相关性。

⑤ 进行 PCA。对协方差矩阵进行特征值分解，得到特征值和对应的特征向量。特征值表示每个主成分的方差解释程度，特征向量表示主成分的方向。

⑥ 特征值选择和权重计算。根据特征值的大小选择保留多少个主成分。特征值越大，说明对应的主成分所包含的方差解释程度越高。可以通过设置一个阈值或根据方差解释程度累积达到一定比例来选择主成分的数量。然后，使用选择的主成分对应的特征向量作为权重，可以将特征向量的元素进行标准化，使其总和等于1，以确保权重的相对比例正确。

⑦ 权重应用。根据得到的权重，对每个指标进行加权，得到绩效评估的综合指标。可以根据具体的需求和权重结果，进行绩效等级划分、排名或比较分析。

通过使用 PCA 法确定权重，可以考虑到不同指标在绩效评估中的重要性和贡献度，以更全面地评估污染河流治理的效果。然而，需要注意的是，PCA 法确定的权重是基于数据的统计特性，可能考虑不到一些领域专家的主观判断和经验知识。因此，在实际应用中，可以结合领域专家的意见进行权重的修正和验证。

5.3.2　熵值法

熵值法（entropy method）是一种常用的指标权重确定方法，基于信息熵的概念。它用于衡量指标数据的分布情况和差异性，从而确定指标的权重。熵值法适用于多指标绩效评估，可以帮助决策者量化指标的重要性，以支持决策和优先级排序。

通过计算每个指标数据的熵值，可以得到指标的差异性或不确定性程度。根据熵值，可以确定每个指标的权重，即熵越大的指标权重越小，熵越小的指标权重越大。这样可以使得在绩效评估或决策过程中具有较大差异性的指标获得较小的权重，确保评估或决策结果更加准确和全面。

熵值法在确定指标权重时假设各个指标对决策的贡献是相互独立的，即指标之间没有相关性。如果存在指标之间的相关性，可以进行相关性分析和处理，以确保熵值法的准确性。

在污染河流治理绩效评估中，可以使用熵值法确定权重，污染河流治理绩效评估中使用熵值法确定指标权重的过程如下。

① 收集数据。收集与污染河流治理绩效评估相关的指标数据。这可以包括水质监测

数据，如 pH 值、溶解氧浓度、氨氮浓度、总磷浓度等；排污口监测数据，如 COD 排放量、废水排放浓度等；以及治理成本数据，如投资费用、运营费用等。确保收集到的数据准确、可靠并具有代表性。

② 标准化数据。将收集到的指标数据进行标准化处理，以消除指标之间的量纲差异。常见的标准化方法包括线性标准化和零一标准化。线性标准化将数据线性转换为相对范围内的数值，而零一标准化将数据缩放到 0～1 范围内。

③ 计算熵值。计算每个指标的标准化数据的信息熵。信息熵用于度量数据的不确定性和差异性。在这一步骤中，信息熵是一种度量指标数据分布和差异性的指标，数值越大表示数据的差异性越大。计算信息熵的公式为：熵 $=-\sum(P\times\log_2 P)$，其中 P 表示每个标准化数据的权重。计算信息熵的具体步骤如下。

计算每个指标的权重：将每个指标的标准化数据除以其总和，得到每个指标的权重。

计算每个指标数据的概率：将每个指标的标准化数据除以该指标的总和，得到每个指标数据的概率。

计算每个指标数据的信息量：将每个指标数据的概率乘以其对数的负数。

计算每个指标的熵值：将每个指标数据的信息量求和，并取负数，得到每个指标的熵值。

④ 计算权重。根据指标的熵值，计算每个指标的权重。熵值越大，权重越小，反之亦然。权重计算公式为：权重＝(1－熵值)/$\sum$(1－熵值)。通过计算熵值的倒数，可以得到每个指标的权重值。

⑤ 权重归一化。对计算得到的指标权重进行归一化处理，以确保各个指标权重之和为 1。归一化的目的是保持权重的相对比例不变。常见的归一化方法是将每个指标权重除以所有指标权重的总和。

⑥ 指标权重应用。根据计算得到的指标权重，将其应用于污染河流治理绩效评估中。可以对各个指标进行加权求和，计算得到绩效评估结果。例如，将水质指标、排污口监测指标和治理成本指标根据其权重进行加权求和，得到污染河流治理绩效评估得分。指标权重也可以用于多指标决策中的优先级排序和决策过程中的权衡。

需要注意的是，在应用熵值法确定指标权重时，应该对指标之间的相关性进行考虑。如果存在指标之间的相关性，可以采用相关性分析等方法进行处理，以确保权重的准确性和可靠性。

总而言之，熵值法通过计算指标数据的熵值来确定指标的权重，以衡量指标的差异性和重要性。它是一种量化指标权重的方法，可在绩效评估、决策分析和优先级排序等场景中使用。

5.3.3　AHP 法

层次分析（analytic hierarchy process，AHP）法是一种多准则决策方法，用于确定复杂决策问题中各个因素的权重和重要性。它最初由运筹学家托马斯·L·塞蒂（Thomas L. Saaty）在 1970 年提出，并在决策科学和管理领域得到广泛应用。AHP 法基于以下核心概念：层次结构、两两比较和权重计算。

（1）层次结构

AHP将复杂的决策问题分解为一个层次结构，包括目标层、准则层和选择层。目标层代表整体目标，准则层包括实现目标所需的准则或要素，选择层包括备选方案或选项。

（2）两两比较

AHP通过进行两两比较来确定不同层次中元素之间的相对重要性。评估者使用尺度（通常是1~9的比例尺度）对两个元素进行比较，指定一个相对重要或偏好得分。

对于目标层和准则层的比较：评估者比较目标层中的不同目标和准则层中的不同准则，以确定它们的相对重要性。

对于准则层和选择层的比较：评估者比较准则层中的不同准则和选择层中的不同选项，以确定它们在实现准则方面的相对重要性。

这些两两比较的结果被整理到一个判断矩阵中，其中矩阵的元素表示元素之间的相对权重或重要性。

（3）权重计算

根据判断矩阵，使用数学方法计算出各个元素的权重。通过计算特征向量，可以得到每个层次中各个元素的权重向量。特征向量表示每个元素相对于其他元素的相对重要性。

在AHP中，还引入了一致性检验，以确保判断矩阵的合理性和稳定性。一致性检验基于判断矩阵的一致性指标（CI）和一致性比率（CR）。一致性指标（CI）衡量判断矩阵中元素之间的一致性程度，一致性比率（CR）则将一致性指标与随机一致性指数相比较，判断矩阵的一致性是否达到可接受的水平。

在污染河流治理绩效评估中，可以使用层次分析法确定权重，具体过程如下。

（1）制定层次结构

目标层：在评估污染河流治理绩效之前，首先需要明确评估的整体目标。例如，目标可以是实现水质改善、生态恢复和社会效益提升等。

准则层：准则层包括实现目标所需的各个准则或要素。这些准则可以涵盖水质指标、生态指标、经济成本、社会影响等方面。可以从文献研究、专家意见和相关政策法规中获取这些准则。

指标层：指标层是具体描述评估的各项指标，用于衡量准则层中各个准则的表现。例如，指标可以包括溶解氧含量、COD浓度、重金属含量、鱼类种群数量等。

（2）创建判断矩阵

对于准则层：在比较准则层中的不同准则时，评估者需要使用1~9的比较尺度进行两两比较。比较的结果填写在一个准则判断矩阵中。例如，如果准则A相对于准则B被认为是两倍重要，则在判断矩阵中对应的位置填写9。通过专家意见和讨论，填写完整的准则判断矩阵。

对于指标层：同样地，评估者进行两两比较评估各个指标在实现相应准则时的相对重要性。填写完整的指标判断矩阵。

（3）计算权重向量

对于准则层：通过对准则判断矩阵进行一致性检验和特征向量计算，得到准则的权重向量。一致性检验使用特征值和特征向量来确定判断矩阵的一致性。

对于指标层：同样地，使用指标判断矩阵进行一致性检验和特征向量计算，得到指标的权重向量。

（4）一致性检验

在计算权重向量后，进行一致性检验以评估判断矩阵的一致性。计算一致性指标（CI）和一致性比率（CR）。

一致性指标（CI）通过对特征向量的平均随机一致性指数进行计算，用于衡量判断矩阵的一致性。

一致性比率（CR）是一致性指标（CI）与随机一致性指数的比值。若 CR 小于某个阈值（如 0.1），则判断矩阵具有合理的一致性。

（5）权重确定

根据计算得到的权重向量，确定各个指标的权重。权重向量表示各个指标在评估中的相对重要性。

可根据准则和指标的权重进行综合评估，计算污染河流治理绩效的综合得分。指标权重的确定使得各个指标在综合得分中具有不同的贡献度，从而更准确地评估治理效果。

AHP 法的优势在于它能够将主观意见量化，并提供了一种系统的方法来处理复杂的决策问题。它可以帮助决策者对不同因素的重要性进行比较和排序，从而更准确地进行决策和评估。但需要注意，AHP 法在应用过程中需要合理的判断矩阵和一致性检验，以确保评估结果的可靠性和有效性。

5.4
重污染河流治理工程绩效评估体系

本书在层次分析方法的基础上，对河流污染治理工程建立评估目标、进行数据采集和管理、建立基准线、建立绩效评估指标体系并确定体系中的指标权重；充分考虑流域城市水环境特点，结合国内外相关标准，建立各指标的分级和评价标准以及综合评价方法，最终建立城市重污染河流治理工程绩效评估体系。

5.4.1　系统目标

（1）水质改善

水质改善是评估治理工程对河流水质影响的重要目标。在评估中，可以考虑主要污染物浓度的降低情况，例如悬浮物、重金属、有机污染物和营养物质等。水体透明度的提高也是一个重要的指标，反映了水体中悬浮物和浑浊度的减少程度。此外，水生生物多样性的恢复情况也是评估水质改善的重要标志。

（2）水资源保护

水资源保护目标关注治理工程对水资源的保护和可持续利用。评估指标可以包括水源地的保护程度、河流的源头保护和污染源的控制。此外，水量利用效率的提高也是一个关键指标，它可以通过评估供水系统的损失和浪费程度来衡量。水资源的可持续管理情况，包括水资源规划和管理机制的有效性，也是评估的重要内容。

（3）生态系统恢复

生态系统恢复目标考虑治理工程对河流生态系统的恢复和保护效果。评估指标可以包括湿地面积的增加情况，湿地对水质净化和生物多样性维护具有重要作用。另一个指标是植被覆盖率的提高，植被可以保护土壤、减少侵蚀和水污染，并提供栖息地。野生动植物种群数量的增加也可以用来评估生态系统的恢复情况。

（4）河岸带整治

河岸带整治目标关注治理工程对河岸带环境的改善和整治效果。评估指标可以包括河岸带绿化率的提高，通过植被的种植和保护，可以增强河岸带的生态功能和景观价值。另一个指标是岸线的稳定性，即评估河岸带土壤侵蚀和岸线退缩的情况。河岸带景观的改善情况，包括景观美化、公共空间的建设和休闲设施的改善，也是评估的内容。

（5）污染物排放减少

污染物排放减少目标评估治理工程对污染物排放的减少效果。评估指标可以包括工业和城市污水处理设施的改善，如处理工艺和处理能力的提升。工业企业和居民的排放减少也是一个重要指标，可以通过监测企业和居民的排放量和污染物浓度来评估。此外，污染物监测指标的改善情况，包括监测设施的建立和监测数据质量的提高，也是评估的内容。

（6）社会经济效益

社会经济效益目标考虑治理工程对社会经济的影响。评估指标可以包括治理工程带来的就业机会，如工程建设阶段和后续运营维护阶段的就业机会。另一个指标是旅游业和生态农业的发展，治理工程可能提升河流景观和水质，促进旅游和农业发展。居民生活质量的提高也是评估的内容，包括水质改善对居民健康和生活环境的影响。河流治理工程投资的经济回报情况也可以作为评估的指标。

（7）河流环境监测和管理能力提升

河流环境监测和管理能力提升目标关注治理工程对河流环境监测和管理能力的提升效果。评估指标可以包括监测网络的建立和完善，确保监测点的覆盖范围和监测频率的合理性。监测数据质量的提高也是一个重要指标，包括监测设备的精确度和数据的准确性。河流管理机构的能力和规范性情况也可以评估，包括管理机构的组织结构、政策制定和执行能力等。

5.4.2 运营管理目标

（1）河流水质改善

评估河流水质的改善情况，包括监测水中污染物浓度的变化，如重金属、有机污染物等，以及水体透明度、溶解氧含量等指标的改善程度。

指标：监测水质指标，如 pH 值、溶解氧含量、化学需氧量、氨氮、总磷等。也可以评估水中有害物质（如重金属、有机污染物）的浓度变化。

方法：定期采样和监测水样，并与治理前的基准数据进行对比。可以使用标准的水质评价指标和方法，如国家标准、环境监测方法等。监测点位的选择应覆盖治理工程涉及的主要污染源和流域区域。

（2）污染物削减效果

评估治理工程对污染物的削减效果，包括监测和评估工程对废水排放源的控制效果，测定排放总量的减少情况，如化学需氧量、氨氮、总磷等。

指标：监测和评估废水排放源的控制效果，包括工业和生活污水的总量减少情况，以及主要污染物浓度的变化。

方法：监测和统计废水排放源的污染物排放情况，包括监测点位的选择和采样频率。可以结合排放许可证、排污口监控数据等进行评估。监测数据可以通过实时监测设备、定期抽样分析等获取。

（3）生态系统恢复

评估治理工程对河流生态系统的恢复和保护效果，包括评估水生植物和水生动物的多样性、数量和分布情况，以及评估河流生态功能的改善程度。

指标：评估水生植物和水生动物的多样性、数量和分布情况，包括种类丰富度、生物量等。

方法：进行水生生物调查和采样，利用生物指数（如生物多样性指数、污染敏感性指数）评估河流生态系统的恢复程度。调查和采样可以采用现场观察、生物样本收集和分析等方法，结合专家评估和数据库对比进行分析。

（4）工程运行维护

评估治理工程的运行和维护状况，包括评估工程设施的正常运行情况、设备的维护保养情况、工程运行的稳定性和可持续性。

指标：评估工程设施的运行状况，包括设备的正常运行率、维护保养记录等。

方法：定期检查设备和工程设施的运行情况，记录设备故障率、维护保养记录，进行设备维修和更换。运维记录、维护报告和设备巡检可以作为评估的依据。

（5）应急响应能力

评估治理工程对突发污染事件的应急响应能力，包括监测和评估工程在应对事故、污染源突发事件等紧急情况时的处置能力和效果。

指标：评估治理工程在突发污染事件中的应急响应能力，包括事故处理时间、事故处理效果等。

方法：制定应急预案和演练计划，评估应急响应能力的组织和执行情况，包括事故处理的效果和紧急情况下的资源调配能力。可以进行模拟演练、事故响应演练以及定期评估演练结果。

（6）社会效益和满意度

评估治理工程对社会的效益和满意度，包括评估工程对居民生活质量的改善情况、对附近产业发展的促进效果以及社会公众对治理工程的满意度。

指标：评估治理工程对居民生活质量的改善情况，包括水环境改善对居民健康和生活的影响；评估治理工程对产业发展的促进效果；评估社会公众对治理工程的满意度。

方法：进行居民调查、问卷调查、专家访谈等，收集居民对水质改善、环境影响和治理效果的意见和反馈。可以采用定量和定性的方法，比如统计分析问卷调查数据、进行专家评估和参与式评估等。

5.4.3 数据采集和管理

（1）数据采集目标设定

确定评估的目标和指标：综合考虑治理工程的目标和需求，明确需要采集哪些数据以评估治理工程的效果。例如，目标可以包括改善水质、恢复河流生态系统等，指标可以涵盖水质参数、废水排放浓度、水生态指标、河岸带植被覆盖率等。

确定指标的量化要求：明确每个指标的量化方式和测量单位，以便进行准确的数据采集和分析。例如，对于水质参数，需要确定使用的分析方法和单位（如 mg/L、μg/L 等）。

（2）数据源识别

确定数据采集的来源和渠道：识别与治理工程相关的各个部门和机构，如生态环境局、水利部门、水文监测站等，以确定数据的来源和获取途径。

确保数据源的可靠性和准确性：与相关部门建立合作关系，确保能够获得数据的支持和合作，并确保数据的质量和准确性。建立数据共享机制，确保各部门间的数据交流和共享。

（3）数据采集方法选择

根据数据类型和指标选择适当的数据采集方法：根据需要采集的数据类型和指标，选择合适的数据采集方法。这可能涉及现场监测、实验室分析、问卷调查、遥感技术等多种方法。

确保采集方法的准确性和可重复性：采集方法应符合相关的标准和规范，以确保数据的准确性和可比性。对于现场监测，应严格遵循操作规程和采样流程，采集样品时避免污染和干扰。

（4）数据采集计划制订

制订详细的数据采集计划：制订合理的采集计划，包括采集时间、频率、地点和方法等。考虑到治理工程的特点和目标，确定采集数据的时机和地点，以获得代表性的数据样本。

考虑季节和气候变化的影响：对于河流治理工程，季节和气候变化可能对水质和生态系统产生显著影响。因此，在制订采集计划时，应考虑季节变化和气候条件，以获得全面和准确的数据。

（5）数据采集执行

严格按照采集计划进行数据采集工作：按照制订的采集计划进行现场采样、监测设备操作、数据记录等工作。在采集过程中，要严格遵守操作规程，避免人为误差和采样污染。

记录采集环境和条件：在数据采集过程中，记录采集环境和条件，如天气情况、采样位置的全球定位系统（GPS）坐标、监测设备的参数设置等。这些信息有助于后续的数据分析和解释。

（6）数据记录和整理

建立规范的数据记录和整理过程：建立统一的数据记录表格或数据库，记录采集到的数据。确保记录的准确性、完整性和一致性。

数据清洗和校验：对采集到的数据进行清洗和校验，排除异常值和错误数据，确保数据的质量和可靠性。进行数据校验时，可比对多个数据源的数据，检查数据的一致性和准确性。

（7）数据存储和管理

建立安全的数据存储和管理系统：建立适当的数据存储和管理系统，确保数据的安全性和可访问性。可以使用数据库管理系统或数据仓库等工具进行数据存储和管理，确保数据的备份和恢复。

制定数据保密和隐私政策：对于涉及敏感信息的数据，如个人隐私数据，应制定相应的保密和隐私政策，确保数据的合法使用和保护。

（8）数据分析和评估

运用适当的数据分析方法进行绩效评估：根据采集到的数据，应用合适的数据分析方法进行绩效评估。可以使用统计分析、时空分析、趋势分析、模型建立等方法进行数据分析。

结果解释和评估：根据数据分析结果，解释评估结果，并评估治理工程的绩效。这包括对指标变化趋势、达标情况和差距等进行综合评估和解释。

（9）绩效报告和沟通

编制绩效报告：根据评估结果编制绩效报告，与相关部门、决策者和公众进行沟通和交流。报告应包括评估结果、问题分析、建议和改进措施等内容。

清晰传达数据分析结果：在与相关部门和决策者沟通时，要清晰、准确地传达数据采集和分析的结果，以支持决策和进一步的改进。

（10）监测和反馈

建立持续的监测机制：建立监测机制，定期监测治理工程的绩效，并及时反馈结果给相关部门。这有助于持续监控工程效果，并根据结果进行调整和改进。

循环反馈和改进：监测和反馈环节是一个循环过程，根据监测结果和绩效评估，及时反馈给相关部门，促进治理工程的持续改善和绩效提升。根据监测和反馈结果，调整治理策略和措施，以实现更好的治理效果。

5.4.4 建立基准线

建立基准线，在污染河流治理的绩效评估中起着重要的作用。建立基准线是为了与治理前后的指标数据进行比较，以评估治理措施的效果。下面是对建立基准线的详细说明。

（1）确定基准线的目的

明确建立基准线的目的非常重要。例如，可能希望将治理前后的指标数据进行比较，以评估治理措施的效果。或者可能想要将指标数据与环境标准或法规进行比较，以确定是否符合规定要求。确切的目的将有助于确定建立基准线所需的方法和参考数据。

（2）收集参考数据

收集与评估指标相关的参考数据，这些数据可以是历史数据、区域或国家标准、环境法规等。确保收集的数据准确、可靠和可比，以便与治理后的数据进行比较。历史数据：收集过去的水质监测数据或相关研究中的数据，以获取治理前的指标数值。这些数据可以来自环境监测机构、研究机构或其他可靠的数据源。标准和法规：了解并收集适用的环境标准、法规或政策文件。这些文件可能包括关于水质、污染物排放限制等方面的指标数值，可作为参考数据。

（3）考虑时间和空间因素

建立基准线时需要考虑时间和空间因素。时间因素涉及选择历史数据的时间段，以确保其具有代表性和可比性。考虑选择不同季节、年份或特定事件的数据，以获取更全面的评估。空间因素考虑不同地点或区域的特点，以确保建立的基准线适用于评估范围内的治理措施。

（4）统计分析和数据处理

对收集到的参考数据进行统计分析和数据处理，以计算出指标的基准值。这可以包括计算指标的平均值、中位数、标准差等统计指标，以了解数据的分布和变化范围。可以使用统计软件或工具进行数据处理和计算。统计指标计算：对收集到的数据进行计算，以得到各个指标的基准值。例如，计算指标的平均值、中位数、最大值或最小值等，以反映参考数据的典型情况。数据清洗和异常值处理：对数据进行清洗，排除可能存在的错误或异常值，确保数据的质量和准确性。

（5）建立基准线标准

根据统计分析和数据处理的结果，建立指标的基准线标准。基准线标准可以是一个数值范围、特定数值或其他类型的标准。建立基准线标准时应考虑相关的环境标准、法规或政策要求。环境标准和法规：根据适用的环境标准、法规或政策文件，确定指标的合规要求。这些文件可能规定了水质指标的限制值或质量目标，可用于建立基准线标准。

参考数据分析：通过分析参考数据的统计特征、趋势和变化范围，确定合理的基准线标准。可以考虑数据的分布情况、变异性以及与环境标准的一致性。

（6）与治理后数据进行比较

在治理措施实施后，收集相应的指标数据。将治理后的数据与建立的基准线进行比较，以评估治理措施的效果。数据比较和分析：比较治理前后的指标数值，分析变化的趋势和幅度。可以计算指标数值的差异、百分比变化或达到基准线的比例等，以衡量治理措施的成效。结果解释：根据比较结果，解释治理措施的效果。确定治理措施是否能够改善水质、减少污染物排放或达到环境标准要求。比较结果也可以用于向利益相关者、决策者或公众解释治理措施的影响。

建立基准线是评估污染河流治理绩效的关键步骤之一。通过建立基准线并与治理后的数据进行比较，可以评估治理措施的效果，并为制定进一步的治理策略提供依据。这样的评估过程可以帮助监测水质改善、满足环境要求，并推动河流生态系统的恢复。

5.4.5　绩效评估指标权重计算

（1）建立评估分析的层次结构

按照重污染河流治理工程绩效评估三级评价指标中设计的绩效评估指标体系框架，结合层次分析（AHP）法的基本原理，构造出相应的阶梯层次结构模型（图 5-1）。其中，目标层为评估工程绩效指标；准则层为经济效益、生态环境效益和社会民生效益 3 个子系统，每个子系统又分为 3 个下级指标共 9 个评价主题；方案层包括 25 个具体指标。

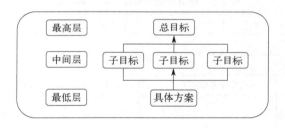

图 5-1　层次分析法阶梯结构模型

（2）建立因素判断矩阵

按照重污染河流治理工程绩效评估三级评价指标，结合层次分析法，构建 3 个层次因素判断矩阵：专题领域因素判断矩阵、评价主题因素判断矩阵和具体指标因素判断矩阵。

专题领域因素判断矩阵见表 5-3。

表 5-3　专题领域因素判断矩阵

评估工程绩效指标	经济效益 A_1	生态环境效益 A_2	社会民生效益 A_3
经济效益 A_1	1	1/5	1/3
生态环境效益 A_2	5	1	2
社会民生效益 A_3	3	1/2	1

评价主题因素判断矩阵见表 5-4。

表 5-4　评价主题因素判断矩阵

经济效益 A_1	污染减排效益 B_3	投入产出效益 B_1	工程施工效益 B_2
污染减排效益 B_3	1	3	3
投入产出效益 B_1	1/3	1	1
工程施工效益 B_2	1/3	1	1
生态环境效益 A_2	水体环境质量 B_4	水体生境状态 B_6	河岸带景观生态质量 B_5
水体环境质量 B_4	1	3	5
水体生境状态 B_6	1/3	1	2
河岸带景观生态质量 B_5	1/5	1/2	1
社会民生效益 A_3	基础设施发展系数 B_8	人居环境公众满意度 B_7	环保管理水平 B_9
基础设施发展系数 B_8	1	1/5	1/3
人居环境公众满意度 B_7	5	1	2
环保管理水平 B_9	3	1/2	1

具体指标因素判断矩阵见表 5-5～表 5-7。

表 5-5　经济效益具体指标因素判断矩阵

投入产出效益 B_1		沿岸土地增值率 C_1		产业结构调整变化值 C_2
沿岸土地增值率 C_1		1		1
产业结构调整变化值 C_2		1		1
工程施工效益 B_2	工程完成率 C_3	工程资金使用充分性 C_4		工程质量合格率 C_5
工程完成率 C_3	1	1/5		1/3
工程资金使用充分性 C_4	5	1		2
工程质量合格率 C_5	3	1/2		1
污染减排效益 B_3	万元 GDP 能耗下降率 C_6	COD 减排率 C_7	TN 消减率 C_8	TP 消减率 C_9
万元 GDP 能耗下降率 C_6	1	1/3	1/3	1/3
COD 减排率 C_7	3	1	1	1
TN 消减率 C_8	3	1	1	1
TP 消减率 C_9	3	1	1	1

表 5-6　生态环境效益具体指标因素判断矩阵

水体环境质量 B_4	COD_{Cr} 净化率 C_{10}	BOD_5 净化率 C_{11}	DO 上升率 C_{12}	NH_3-N 净化率 C_{13}	TP 净化率 C_{14}
COD_{Cr} 净化率 C_{10}	1	2	2	2	3
BOD_5 净化率 C_{11}	1/2	1	1	1	2
DO 上升率 C_{12}	1/2	1	1	1	2
NH_3-N 净化率 C_{13}	1/2	1	1	1	1
TP 净化率 C_{14}	1/3	1/2	1/2	1	1

续表

河岸带景观生态质量 B_5	植被覆盖率 C_{15}	景观多样性指数 C_{16}	人为干扰指数 C_{17}
植被覆盖率 C_{15}	1	3	5
景观多样性指数 C_{16}	1/3	1	3
人为干扰指数 C_{17}	1/5	1/3	1
水体生境状态 B_6	浮游植物密度 C_{18}	生物量变化 C_{19}	生物多样性指数 C_{20}
浮游植物密度 C_{18}	1	1/3	1/3
生物量变化 C_{19}	3	1	1
生物多样性指数 C_{20}	3	1	1

表 5-7 社会民生效益具体指标因素判断矩阵

人居环境公众满意度 B_7	居住环境满意度 C_{21}	
居住环境满意度 C_{21}	1	
基础设施发展系数 B_8	城市生命线完好率 C_{22}	文体活动设施使用率 C_{23}
城市生命线完好率 C_{22}	1	2
文体活动设施使用率 C_{23}	1/2	1
环保管理水平 B_9	环保绩效权重 C_{24}	环境监管能力 C_{25}
环保绩效权重 C_{24}	1	1/2
环境监管能力 C_{25}	2	1

（3）计算对目标的权向量

根据重污染河流治理工程绩效评估三级评价指标，结合层次分析法，通过层间等级计算正负倒数矩阵的最大值和相应的特征向量，以获得内部等级值层次，并获取目标层的索引数据层的重要性数据序列，从而获得所需的各层相对于上层的排序权重值。运用 Matlab 计算软件进行计算（图 5-2）。

```
命令行窗口
>> A=[1 1/5 1/3;5 1 2;3 1/2 1]

A =

    1.0000    0.2000    0.3333
    5.0000    1.0000    2.0000
    3.0000    0.5000    1.0000

>> [x,y]=eig(A)

x =

  -0.1640 + 0.00001    0.0820 + 0.14201    0.0820 - 0.14201
  -0.8711 + 0.00001   -0.8711 + 0.00001   -0.8711 + 0.00001
  -0.4629 + 0.00001    0.2314 - 0.40081    0.2314 + 0.40081


y =

   3.0037 + 0.00001    0.0000 + 0.00001    0.0000 + 0.00001
   0.0000 + 0.00001   -0.0018 + 0.10531    0.0000 + 0.00001
   0.0000 + 0.00001    0.0000 + 0.00001   -0.0018 - 0.10531
```

图 5-2

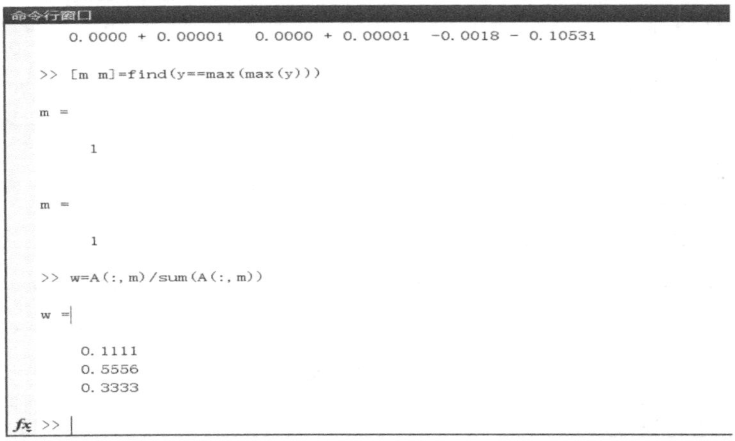

图 5-2　Matlab 软件计算过程

所得结果如下：

$W_{总} = [0.1111；0.5556；0.3333]$

$WA_1 = [0.6；0.2；0.2]$

$WA_2 = [0.6522；0.2174；0.1304]$

$WA_3 = [0.1111；0.5556；0.3333]$

$WB_1 = [0.5；0.5]$

$WB_2 = [0.1111；0.5556；0.3333]$

$WB_3 = [0.1；0.3；0.3；0.3]$

$WB_4 = [0.3529；0.1765；0.1765；0.1765；0.1176]$

$WB_5 = [0.6522；0.2174；0.1304]$

$WB_6 = [0.1429；0.4286；0.4286]$

$WB_7 = 1$

$WB_8 = [0.6667；0.3333]$

$WB_9 = [0.3333；0.6667]$

（4）一致性检验

按照重污染河流治理工程绩效评估三级评价指标，结合层次分析法，第四步，对计算结果进行一致性检验如表 5-8 所示。

表 5-8　一致性检验

项目	λ_{max}	n	CI	RI	CR
总体	3.0037	3	0.00185	0.5149	0.0036
A_1	3	3	0	0.5149	0
A_2	3.0037	3	0.00185	0.5149	0.0036

续表

项目	λ_{max}	n	CI	RI	CR
A_3	3.0037	3	0.00185	0.5149	0.0036
B_1	2	2	0	0	0
B_2	3.0037	3	0.00185	0.5149	0.0036
B_3	4	4	0	0.8931	0
B_4	5.0522	5	0.01305	1.1185	0.0117
B_5	3.0385	3	0.01925	0.5149	0.0374
B_6	3	3	0	0.5149	0
B_7	1	1	0	0	0
B_8	2	2	0	0	0
B_9	2	2	0	0	0

注：RI 为随机一致性指标。

一致性比率 CR 取值小于 0.1，表明一致性较好。根据表 5-8，认为城市河流污染治理工程绩效评估指标各个因素具有满意的一致性，各级指标权重计算结果可信。

（5）绩效评估指标权重与综合评估模型

通过层次分析法计算，得到三级指标权重值和 25 项具体指标对总目标的权重（表 5-9）。

表 5-9　城市重污染河流治理工程绩效评估指标权重

子系统	一级权重	评价主题	二级权重	具体指标	三级权重	总权重
A_1	0.1111	B_1	0.2000	C_1	0.5000	0.0111
				C_2	0.5000	0.0111
		B_2	0.2000	C_3	0.1111	0.0025
				C_4	0.5556	0.0123
				C_5	0.3333	0.0074
		B_3	0.6000	C_6	0.1000	0.0067
				C_7	0.3000	0.0200
				C_8	0.3000	0.0200
				C_9	0.3000	0.0200
A_2	0.5556	B_4	0.6522	C_{10}	0.3529	0.1279
				C_{11}	0.1765	0.0640
				C_{12}	0.1765	0.0640
				C_{13}	0.1765	0.0640
				C_{14}	0.1176	0.0425
		B_5	0.1304	C_{15}	0.6522	0.0472
				C_{16}	0.2174	0.0158
				C_{17}	0.1304	0.0094
		B_6	0.2174	C_{18}	0.1428	0.0172
				C_{19}	0.4286	0.0518
				C_{20}	0.4286	0.0518

子系统	一级权重	评价主题	二级权重	具体指标	三级权重	总权重
A_3	0.3333	B_7	0.5556	C_{21}	1	0.1852
		B_8	0.1111	C_{22}	0.6667	0.0247
				C_{23}	0.3333	0.0123
		B_9	0.3333	C_{24}	0.3333	0.0370
				C_{25}	0.6667	0.0741

由此得到城市重污染河流治理工程绩效评估综合评估模型：

$$E = 0.1111A_1 + 0.5556A_2 + 0.3333A_3$$
$$A_1 = 0.2000B_1 + 0.2000B_2 + 0.6000B_3$$
$$A_2 = 0.6522B_4 + 0.1304B_5 + 0.2174B_6$$
$$A_3 = 0.5556B_7 + 0.1111B_8 + 0.3333B_9$$
$$B_1 = 0.5000C_1 + 0.5000C_2$$
$$B_2 = 0.1111C_3 + 0.5556C_4 + 0.3333C_5$$
$$B_3 = 0.1000C_6 + 0.3000C_7 + 0.3000C_8 + 0.3000C_9$$
$$B_4 = 0.3529C_{10} + 0.1765C_{11} + 0.1765C_{12} + 0.1765C_{13} + 0.1176C_{14}$$
$$B_5 = 0.6522C_{15} + 0.2174C_{16} + 0.1304C_{17}$$
$$B_6 = 0.1428C_{18} + 0.4286C_{19} + 0.4286C_{20}$$
$$B_7 = C_{21}$$
$$B_8 = 0.6667C_{22} + 0.3333C_{23}$$
$$B_9 = 0.3333C_{24} + 0.6667C_{25}$$

综合上式，得到：

$$E = 0.0111C_1 + 0.0111C_2 + 0.0025C_3 + 0.0123C_4 + 0.0074C_5 + 0.0067C_6 + 0.0200C_7 + 0.0200C_8 + 0.0200C_9 + 0.1279C_{10} + 0.0640C_{11} + 0.0640C_{12} + 0.0640C_{13} + 0.0425C_{14} + 0.0472C_{15} + 0.0158C_{16} + 0.0094C_{17} + 0.0172C_{18} + 0.0518C_{19} + 0.0518C_{20} + 0.1852C_{21} + 0.0247C_{22} + 0.0123C_{23} + 0.0370C_{24} + 0.0741C_{25}$$

式中 E——城市河流污染治理工程绩效综合指数；

A_1、A_2、A_3——3 个子系统指标值；

　$B_1 \sim B_9$——9 个评价主题指标值；

　$C_1 \sim C_{25}$——方案层 25 个具体指标值。

5.4.6 绩效评估指数分级与评价标准

（1）绩效评估指数分级

确定城市重污染河流治理工程绩效评价指标的权重后，由于每个指标的单位和数量级不同，因此无法直接计算或比较每个指标。因此，要对所有指标的评价标准进行统一，然后进行分析评价。具体来说，为工程绩效评估体系中的 25 个三级指标分别建立相应的定性或定量标准，并根据指标评价分为优、良、中、较差、差 5 个等级，并分别赋值为 9、

7、5、3 和 1。每个具体指标的定性和定量标准分析如下。

① 沿岸土地增值率 C_1。沿岸土地增值率通常使用河流所在城市区域国内生产总值 GDP 增长率来进行说明。由于不同的物价因素，GDP 增长率有实际 GDP 增长率和名义 GDP 增长率两种。为了便于评估，计算方式如下。根据我国近 5 年北方省市 GDP 增长率的基本情况确定 GDP 增长率的评价标准，分别是优（10% 以上）、良（8%～10%）、中（5%～8%）、较差（1%～5%）、差（1% 及以下）5 个等级。

$$GDP\ 增长率 = \frac{本年度区域\ GDP\ 总值 - 上年度区域\ GDP\ 总值}{上年度区域\ GDP} \times 100\% \qquad (5\text{-}24)$$

② 产业结构调整变化值 C_2。通常利用第三产业比重来表征产业结构调整变化值。区域第三产业比重是指区域第三产业 GDP 总值占全区 GDP 总值的比重。参考我国近 5 年部分北方省市第三产业比重增长率的基本情况以及全国平均值确定第三产业比重增长率的评价标准，分别用优（55% 以上）、良（50%～55%）、中（45%～50%）、较差（40%～45%）、差（40% 及以下）5 个等级来评判。

③ 工程完成率 C_3 和工程质量合格率 C_5。工程完成率和工程质量合格率主要根据城市河流污染治理工程规划和目标，在工程技术后具体验收，一般工程划分为不完成（0%）、一般（50% 左右）和合格（90% 以上）。在本书中，采用优（90% 以上）、良（70%～90%）、中（50%～70%）、较差（30%～50%）、差（30% 及以下）5 个等级标准来评判工程质量合格率和工程完成率。

④ 工程资金使用充分性 C_4。工程资金使用充分性主要根据河流治理工程预算、总投资和实际资金使用情况，在工程验收后，将工程资金使用充分性的差、较差、中、良和优 5 个等级标准分别对应为 80% 及以下、80%～85%、85%～90%、90%～95%、95%～100%。100% 以上超出预算，一致认为工程资金使用充分性为差。

⑤ 万元 GDP 能耗下降率 C_6。根据我国近 5 年北方部分城市万元 GDP 能耗下降率的整体情况，选择 3%、4%、5%、6% 作为万元 GDP 能耗下降率评价范围，分别对应为优（6% 以上）、良（5%～6%）、中（4%～5%）、较差（3%～4%）、差（3% 及以下）5 个等级标准。

⑥ COD 减排率 C_7。根据我国近 5 年部分北方省市 COD 减排率的整体情况，选择 1%、3%、5%、7% 作为 COD 减排率评价范围，分别对应优（7% 以上）、良（5%～7%）、中（3%～5%）、较差（1%～3%）、差（1% 及以下）5 个等级标准。

⑦ TN 消减率 C_8 和 TP 消减率 C_9。根据我国近 5 年部分北方省市 TN 消减率和 TP 消减率的整体情况，TN 消减率评价范围选择 1%、3%、5%、7%，对应 TN 消减率差（1% 及以下）、较差（1%～3%）、中（3%～5%）、良（5%～7%）和优（7% 以上）5 个等级标准。TP 消减率选择 5%、10%、15%、20% 作为评价范围，对应 TP 消减率优（20% 以上）、良（15%～20%）、中（10%～15%）、较差（5%～10%）、差（5% 及以下）5 个等级标准。

⑧ 各项水质指标净化率。《地表水环境质量标准》（GB 3838—2002）作为参考标准，结合国内外相关河流治理工程经验，确定依据不仅包括污染治理工程治理目标绩效，还包括河流实际污染状况，采用优（40% 以上）、良（30%～40%）、中（20%～30%）、较差

（10%～20%）、差（10%及以下）5 个等级标准对应 C_{10}、C_{11}、C_{12}、C_{13}、C_{14}，即 COD_{Cr} 净化率、$BOD5$ 净化率、DO 上升率、NH_3-N 净化率、TP 净化率。

⑨ 植被覆盖率 C_{15}。近 5 年中国统计年鉴数据显示，中国植被（森林＋草地）覆盖率介于 60%～70% 之间。区域景观结构比较稳定，发育较完善，植被覆盖率应在 65%～90% 之间；景观结构层次不稳定，发育较差，植被覆盖率在 25%～45% 之间。本书结合城市河岸带的基本特征，拟将植被覆盖率采用优（90% 以上）、良（65%～90%）、中（45%～65%）、较差（25%～45%）、差（25% 及以下）5 个等级标准进行评价。

⑩ 景观多样性指数 C_{16}。有关研究表明，景观多样性指数在 0.4 以下为景观不适宜，在 0.4～0.8 为勉强适宜，在 1.2～1.8 之间为中度适宜，1.8 以上为高度适宜。根据以上研究成果，结合城市河岸带特征和评估需要，拟将城市河岸带景观多样性指数分为优（1.8 以上）、良（1.2～1.8）、中（0.8～1.2）、较差（0.4～0.8）、差（0.4 及以下）5 个等级标准。

⑪ 人为干扰指数 C_{17}。相关研究提出，人为干扰指数在 5% 以下为干扰较轻微，在 5%～15% 为较轻人为作用，在 15%～45% 之间为较重人为作用，45% 以上为干扰严重。结合城市河岸带特征和评估需要，拟将城市河岸带人为干扰指数分为优（5% 以下）、良（5%～15%）、中（15%～30%）、较差（30%～45%）、差（45% 以上）5 个等级标准。

⑫ 浮游植物密度 C_{18} 和生物量变化 C_{19}。根据现有研究，结合城市河流污染治理工程实施目标和评估需要，拟将浮游植物密度的差、较差、中、良、优 5 个等级标准分别对应为 $<3×10^5$ 个/L、$3×10^5$～$5×10^5$ 个/L、$5×10^5$～$8×10^5$ 个/L、$8×10^5$～$10×10^5$ 个/L 和 $10×10^5$～$100×10^5$ 个/L。生物量变化用鱼类数目表示，将生物量变化分别对应优（15 尾/L 以上）、良（10～15 尾/L）、中（5～10 尾/L）、较差（1～5 尾/L）、差（小于 1 尾/L）5 个等级标准。

⑬ 生物多样性指数 C_{20}。生物多样性指数评价标准见表 5-10，结合城市河流污染治理工程实施目标和评估需要，将生物多样性的差、较差、中、良、优 5 个等级标准分别对应为 0、0～1、1～2、2～3 和 3 以上。

表 5-10 生物多样性指数评价标准

数值范围	级别	评价状态	水体污染程度
$H=0$	物种极贫乏	物种单一，多样性基本丧失	严重污染
$0<H<1$	物种贫乏	物种丰富度低，个体分布不均匀	重污染
$1<H<2$	一般	物种丰富度较低，个体分布比较均匀	中污染
$2<H<3$	物种较丰富	物种丰富度较高，个体分布比较均匀	轻污染
$H>3$	物种丰富	物种种类丰富，个体分布均匀	清洁

⑭ 社会民生效益各项指标评价标准。通过问卷调查和走访获取社会民生效益子系统中各项指标数据，依据利克特五点量表原则，将指标划分为 5 个级别。分别为很不满意（<20分）、不满意（20～40 分）、一般（40～60 分）、满意（60～80 分）、很满意（>80 分）。

城市重污染河流治理工程绩效评估指标分级标准与赋值见表 5-11。

表 5-11　城市重污染河流治理工程绩效评估指标分级标准与赋值

项目		分级				
编号	名称	差	较差	中	良	优
C_1	沿岸土地增值率（GDP 年增长率）/%	≤1	1~5	5~8	8~10	>10
C_2	产业结构调整变化值（第三产业比重）/%	≤40	40~45	45~50	50~55	>55
C_3	工程完成率/%	≤30	30~50	50~70	70~90	>90
C_4	工程资金使用充分性/%	≤80,>100	80~85	85~90	90~95	95~100
C_5	工程质量合格率/%	≤30	30~50	50~70	70~90	>90
C_6	万元 GDP 能耗下降率/%	≤3	3~4	4~5	5~6	>6
C_7	COD 减排率/%	≤1	1~3	3~5	5~7	>7
C_8	TN 消减率/%	≤1	1~3	3~5	5~7	>7
C_9	TP 消减率/%	≤5	5~10	10~15	15~20	>20
C_{10}	COD_{Cr} 净化率/%	≤10	10~20	20~30	30~40	>40
C_{11}	BOD_5 净化率/%	≤10	10~20	20~30	30~40	>40
C_{12}	DO 上升率/%	≤10	10~20	20~30	30~40	>40
C_{13}	NH_3-N 净化率/%	≤10	10~20	20~30	30~40	>40
C_{14}	TP 净化率/%	≤10	10~20	20~30	30~40	>40
C_{15}	植被覆盖率/%	≤25	25~55	55~65	65~90	>90
C_{16}	景观多样性指数	≤0.4	0.4~0.8	0.8~1.2	1.2~1.8	>1.8
C_{17}	人为干扰指数/%	>45	30~45	15~30	5~15	<5
C_{18}	浮游植物密度/(个/L)	$<3\times10^5$	3×10^5~5×10^5	5×10^5~8×10^5	8×10^5~10×10^5	10×10^5~100×10^5
C_{19}	生物量变化/(尾/L)	<1	1~5	5~10	10~15	>15
C_{20}	生物多样性指数	0	0~1	1~2	2~3	>3
C_{21}	居住环境满意度/%	<20	20~40	40~60	60~80	>80
C_{22}	城市生命线完好率/%	<20	20~40	40~60	60~80	>80
C_{23}	文体活动设施使用率/%	<20	20~40	40~60	60~80	>80
C_{24}	环保绩效权重/%	<20	20~40	40~60	60~80	>80
C_{25}	环境监管能力/%	<20	20~40	40~60	60~80	>80
分级赋值		1	3	5	7	9

（2）绩效评估评价标准

根据城市重污染河流治理工程绩效综合评估模型公式以及各指标的评价标准和赋值情况，结合国内外相关研究，由于 $C_i \in [1,9]$，根据模型公式，故绩效评估综合指数 $E \in [1,9]$，因此可将重污染河流治理工程评价标准分为 $[1,2]$、$(2,4]$、$(4,6]$、$(6,8]$ 和 $(8,9]$ 5 个等级，分别对应治理工程绩效的差、较差、中、良、优 5 个等级，从而对城市重污染河流治理工程进行定性评估。

5.5
盘锦市螃蟹沟治理工程绩效评估实证研究

随着我国水污染治理与水环境保护工程的管理和投入力度逐年加大，北方地区的城市水污染治理工程正处于快速发展时期，许多河流治理示范性工程就此展开。本书选取盘锦市螃蟹沟示范河段作为研究对象，开展了治理工程后的绩效评估研究。

5.5.1 研究区域概况

(1) 水系组成

螃蟹沟河横贯盘锦市兴隆台区，全长 18.53km，东起大洼区杨家店排水站，西至大洼区于岗子排水站入辽河，其中兴隆台城区段（杨家店排水站—中华路）约 9km。

螃蟹沟河水来源于辽河，流经盘锦市兴隆台区后又汇入辽河。螃蟹沟入河流量为 5～20m³/s，原为人工开挖渠道，主要为沿岸 10 万亩稻田输送灌溉用水。枯水期水量少，水深不足 1m。随着盘锦城市的发展，螃蟹沟目前主要接纳两岸地表径流和雨水排涝站溢流排水，总汇水面积为 202km²，其中农田 121km²、城区 81km²，最大排水能力 87.5m³/s。承担大洼区、盘山县、兴隆台区部分农田灌溉和城区、村屯、农田排涝任务。螃蟹沟沿河两岸地势较为平坦，海拔高度 3.7～4.0m。河床底部坡度平缓，末端处河床底海拔高度 2.5m，起端 2.8m。断面为近似梯形，断面垂直高度 1.2～1.5m。

在河流处理前，由于城市基础设施不完善，兴隆台区的部分生活污水经收集后直接排入螃蟹沟，同时三厂工业区部分工业污水汇入，另外螃蟹沟沿岸居民、商铺乱倒垃圾，导致螃蟹沟水质环境污染日趋恶化，河道淤积，输水能力下降，水体发黑发臭。螃蟹沟治理前水质状况见表 5-12。

表 5-12 螃蟹沟治理前水质状况

水质指标	含量/(mg/L)	Ⅴ类水标准/(mg/L)	水质状况
COD_{Cr}	58.3	40	劣Ⅴ类
BOD_5	16.7	10	劣Ⅴ类
TP	0.518	0.4	劣Ⅴ类
DO	1.02	2.0	劣Ⅴ类
NH_3-N	5.13	2.0	劣Ⅴ类

(2) 气候特征

螃蟹沟所在地（盘锦市兴隆台区）属暖温带大陆性半湿润气候。年平均气温为 8.3～8.4℃，无霜期为 167～174d；年平均降水量为 611.6～640mm，年平均蒸发量为 1390～1705mm，年日照时数为 2786h；累计年平均光辐射量为 137.5～137.9kcal/cm²（1kcal＝4.19kJ）。

该区四季分明，春季（3～5月）气温回暖快，降水少，空气干燥，多偏南风，蒸发量大，日照时数多。4～5 月，8 级的大风日数为 14d，占全年大风日数的 35％左右。降水量 90mm，占全年降水量的 15％左右、蒸发量的 60％左右。降水主要集中在夏季（6～8月），降水量为 385mm，占全年降水量的 62.5％。秋季（9～11 月）多晴朗天气。10 月平均气温为 10℃左右，季降水量 125mm，占全年降水量的 20％。冬季（12～2 月）寒冷而干燥，最冷月 1 月平均气温零下 10.3℃，极端最低气温为零下 29.3℃，降水量仅16mm，占全年降水量的 2.5％。

受东北地形狭管作用影响，风既多又大。年有效风能密度为 206.4W/m²。年有效风能大于 200kWh/m²。

5.5.2　工程实施方案

螃蟹沟治理工程示范河段，一段是由兴隆台大街至杨家店排水站，全长近 3km；一段是兴油街至盘山县吴家镇郭家排水站，全长 6km。这次治理主要有 4 个方面内容：控源截污工程、内源治理工程、面源污染控制工程和生态修复与生态净化工程。

（1）控源截污工程

控制污水从源头到城市水体的排放，主要用于永久性工程处理，例如城市水体的沿岸污水排放口、分流系统雨水管道的初始雨水或干旱流排放口以及沿岸排放口联合污水处理系统。在《城市黑臭水体整治指南》中指出，污水截流和密闭管是处理黑臭水体的最直接、最有效的工程措施，也是采取其他技术措施的前提。通过沿江湖设置污水截流管道，合理设置（运输）泵房，排污并纳入城市污水收集处理系统。对于老城区的雨水汇流管网，应在河岸或湖岸沿线设置溢流控制装置。

所以在螃蟹沟水体治理中首要任务是解决沿河污水直排进入河道。具体项目分为三大类：新建污水管网和现状管网改造项目、沿岸排污泵站污水接入截污干管项目、非法排污口封堵项目。项目工程包括：

① 原新立工业园区域污水收集管网工程；
② 青年路污水管网改造工程；
③ 化建临时泵站污水接入污水管网工程；
④ 石油大街东段雨污分流管网改造项目及石化路泵站内部管线改造工程；
⑤ 新建三厂泵站污水排放接入螃蟹沟截污干管工程；
⑥ 辽河油田新村泵站污水接入螃蟹沟截污干管工程；
⑦ 非法排污口封堵工程。

（2）内源治理工程

内源治理工程主要包括三大类，分别是清淤疏浚、垃圾清理、生物残体及漂浮物清理。

由于螃蟹沟主要流经盘锦市的核心区（兴隆台区），沿岸无垃圾常年集中堆放点。由于螃蟹沟河水水质较差且整个河道以硬质护岸为主，河道中水生植物、河岸滨水植物几乎绝迹。所以对于内源污染的治理以清淤疏浚为主。

一般而言清淤疏浚适用于所有黑臭水体，尤其是重度黑臭水体底泥污染物的清理，快速降低黑臭水体的内源污染负荷，避免其他治理措施实施后，底泥污染物向水体释放。清淤疏浚包括机械清淤和水力清淤等方式。由于螃蟹沟地势平缓，不适宜进行水力清淤，所以在螃蟹沟的清淤疏浚工程中全部采用机械清淤。在机械清淤的工程中需考虑城市水体原有黑臭水的存储和净化措施。清淤前，需做好底泥污染调查，明确疏浚范围和疏浚深度；根据当地气候和降雨特征，合理选择底泥清淤季节；清淤工作不得影响水生生物生长；清淤后回水水质应满足"无黑臭"的指标要求。

在清淤的同时对河道进行处理，在河道中形成氧化塘，使河水进行自然沉淀，增加河水的自净能力，创造河道内滨水植物生长的条件，增加河道内生物多样性。

螃蟹沟具体清淤、拓宽、整形工程总长度8328m，具体项目如下。

① 螃蟹沟恒大华府段（兴隆台街—石油大街）清淤、拓宽、整形，长度778m。

② 螃蟹沟锦联·经典汇段（石油大街—芳草路）清淤、拓宽、整形，长度680m。

③ 螃蟹沟乐府江南段（芳草路—杨家店排水站）清淤、拓宽、整形，长度800m。

④ 螃蟹沟城区段（兴油街—新工街）清淤、拓宽、整形，长度3760m。

⑤ 螃蟹沟郊区段（新工桥—郭家站）清淤、拓宽、整形，长度2310m。

（3）面源污染控制工程

面源污染控制工程主要从两方面进行。一是进行沿岸拆违，减少垃圾杂物、污水进入河道；二是沿河农村进行标准化氧化塘建设，减少农村污水、初期雨水、春季"桃花水"进入河道。

螃蟹沟沿岸拆违项目具体如下。

① 螃蟹沟恒大华府段（兴隆台街—石油大街）完成螃蟹沟兴隆台街南兴盛街道水利站、锦联公园小区取暖锅炉房、恒大华府临时施工展设拆除拆迁工作和原新立工业园沿岸企业拆违工作。

② 螃蟹沟城区段（兴油街—新工桥）拆迁（拆违）项目。对沿岸49户居民（民宅109座）和12家企业进行拆迁。

③ 螃蟹沟郊区段（新工桥—郭家排水站）拆迁（拆违）项目。对沿岸118户居民的房屋、车库等构筑物拆迁。

④ 螃蟹沟流域内农村标准化氧化塘建设工程：兴海街道建设9个氧化塘，兴盛街道建设17个氧化塘，动迁区域内建设3个氧化塘。

（4）生态修复与生态净化工程

生态修复工程是指采取植草沟、生态护岸、透水砖等形式，对原有硬化河岸（湖岸）进行改造，通过恢复岸线和水体的自然净化功能，强化水体的污染治理效果。生态净化工程主要采用人工湿地、生态浮岛、水生植物种植等技术方法，利用土壤-微生物-植物生态系统有效去除水体中的有机物、氮、磷等污染物；综合考虑水质净化、景观提升与植物的气候适应性，尽量采用净化效果好的本地物种，并关注其在水体中的空间布局与搭配。具体项目如下。

① 螃蟹沟（辽河美术馆—杨家店排灌站）生态湿地景观建设项目。

② 螃蟹沟（兴油街—郭家站）生态湿地景观建设项目。

5.5.3　示范河段污染治理工程绩效评估

（1）评估指标数据的获取

① 经济环境指标的获取与数据结果。为获取绩效评估资料与数据，在课题期间多次考察示范河段，调查了示范河段两岸千米以内治理工程前后土地的增值情况和产业结构布局，走访了盘锦市兴隆台区政府、兴隆台区统计局、兴隆台区生态环境局等相关单位；访问了盘锦市生态环境局、图书馆、统计局等单位的官方网站；查阅了 2020～2022 年盘锦市统计年鉴、盘锦市兴隆台区统计年鉴和示范河段综合治理工程的相关资料，对获取的资料进行分析处理，得到如下数据（表 5-13）。

表 5-13　螃蟹沟经济环境表征指标值统计（2020～2022 年）

时间	区内生产总值/亿元	第三产业比重/%	万元 GDP 能耗下降率/%	COD 减排率/%	TP 消减率/%
2020 年	360.3	62.9	10	2.02	13.25
2021 年	397.1	62.5	3.5	2.14	14.61
2022 年	395.1	63.7	1.64	2.36	15.36

② 生态环境指标的获取与数据结果。各项水质环境指标主要通过现场检测和实验室检测获取。根据示范河段特点，在示范河段选取 3 个断面作为采样点，采样时间为治理工程后一年（2022 年 5～7 月），获取 COD_{Cr}、BOD_5、DO、NH_3-N 和 TP 等水质指标数据（表 5-14～表 5-16）。治理工程前一年数据从兴隆台区生态环境局以及综合治理工程资料获取。

表 5-14　螃蟹沟采样水质数据（2022 年 5 月）

采样编号	COD_{Cr}/(mg/L)	BOD_5/(mg/L)	高锰酸盐指数/(mg/L)	NH_3-N/(mg/L)	TP/(mg/L)
1	38.0	6.1	7.7	0.98	0.195
2	24.5	5.7	7.6	0.83	0.180
3	29.0	5.6	6.8	0.91	0.245

表 5-15　螃蟹沟采样水质数据（2022 年 6 月）

采样编号	COD_{Cr}/(mg/L)	BOD_5/(mg/L)	高锰酸盐指数/(mg/L)	NH_3-N/(mg/L)	TP/(mg/L)
1	46.0	6.7	9.3	0.34	0.445
2	32.5	5.4	6.3	1.13	0.265
3	23.5	5.0	6.2	0.592	0.350

表 5-16　螃蟹沟采样水质数据（2022 年 7 月）

采样编号	COD_{Cr}/(mg/L)	BOD_5/(mg/L)	高锰酸盐指数/(mg/L)	NH_3-N/(mg/L)	TP/(mg/L)
1	39.5	5.6	7.7	0.235	0.280
2	37.5	5.8	7.7	0.418	0.330
3	37.0	5.6	7.9	0.464	0.385

河岸带景观生态质量和水体生境状态数据以2022年6月现场考察数据为主要评估数据。考察范围为河道两岸至人行道之间以及河道水面景观，对示范区面积范围内的景观进行了测算，其中自然景观以植被为主，人文景观以硬化地、护栏、岸边建筑为主。经测算植被覆盖率约为69.1%；景观多样性指数为1.42；人为干扰指数为33.5%。通过检测水体获得浮游植物密度和生物量变化，用鱼类多度来表示生物量变化指标，一方面是通过周边居民调查进行估算，另一方面是通过实地考察、观察计算。生物多样性指数通过计算为0.89。

③ 社会环境指标的获取与数据结果。社会环境特征指标的获取，通过设计调查问卷，对示范河段两岸居民展开调研，调研时间为2022年6月。共发放问卷120份，回收问卷120份，有效问卷120份，回收问卷有效率为100%。经过统计，螃蟹沟社会环境指标数据见表5-17。

表5-17 螃蟹沟社会环境指标数据

指标	满意度	不满意度
居住环境满意度	88.8%	11.2%
城市生命线完好率	72.5%	27.5%
文体活动设施使用率	66.8%	33.2%
环保绩效权重	69.2%	30.8%
环境监管能力	45.5%	55.5%

（2）评价指标分级赋值

将上述获取的相关数据根据评估指标计算公式，结合所制定的评估指标评级标准等级划分，进行指标分级赋值（表5-18）。

表5-18 螃蟹沟污染治理工程绩效评估指标分级赋值

编号	名称	指标值	分级	赋值
C_1	沿岸土地增值率	5.92%	中	5
C_2	产业结构调整变化值	61.3%	优	9
C_3	工程完成率	99.3%	优	9
C_4	工程资金使用充分性	98.6%	优	9
C_5	工程质量合格率	97%	优	9
C_6	万元GDP能耗下降率	5.3%	良	7
C_7	COD减排率	3.36%	中	5
C_8	TN消减率	4.76%	中	5
C_9	TP消减率	14.63%	中	5
C_{10}	COD_{Cr}净化率	77.4%	优	9
C_{11}	BOD_5净化率	75.3%	优	9
C_{12}	DO上升率	76.2%	优	9

续表

编号	名称	指标值	分级	赋值
C_{13}	NH_3-N 净化率	71.9%	优	9
C_{14}	TP 净化率	78.5%	优	9
C_{15}	植被覆盖率	69.1%	良	7
C_{16}	景观多样性指数	1.42	良	7
C_{17}	人为干扰指数	33.5%	较差	3
C_{18}	浮游植物密度	$8.23×10^5$ 个/L	良	7
C_{19}	生物量变化	1 尾/L	较差	3
C_{20}	生物多样性指数	0.89	较差	3
C_{21}	居住环境满意度	88.8%	优	9
C_{22}	城市生命线完好率	72.5%	良	7
C_{23}	文体活动设施使用率	66.8%	良	7
C_{24}	环保绩效权重	69.2%	良	7
C_{25}	环境监管能力	45.5%	中	5

（3）工程绩效评估

将以上指标赋值代入建立的北方地区城市重污染河流治理工程绩效评估综合评估模型进行计算，得出评估指数分级（表 5-19）。

表 5-19　螃蟹沟治理工程绩效评估指数分级

综合绩效指数(E)	分级	专题指标名称	指数	分级	主题指标名称	指数	分级
7.42	良	经济效益 A_1	6.32	良	投入产出效益 B_1	7	良
					工程施工效益 B_2	9	优
					污染减排效益 B_3	5.2	中
		生态环境效益 A_2	7.71	良	水体环境质量 B_4	9	优
					河岸带景观生态质量 B_5	6.47	良
					水体生境状态 B_6	4.42	中
		社会民生效益 A_3	7.67	良	人居环境公众满意度 B_7	9	优
					基础设施发展系数 B_8	7	良
					环保管理水平 B_9	5.67	中

由表 5-19 可见，螃蟹沟治理工程绩效综合评估指数为 7.42，治理工程绩效水平良好。

[1] 李思敏，宿程远，张建昆．生物砂滤池不同挂膜方法的试验研究 [J]．中国给水排水，2007（11）：60-63．

[2] 张菊萍，陆少鸣，夏莉，等．不同挂膜方式启动中置曝气生物滤池的对比研究 [J]．水处理技术，2015，41（06）：108-111．

[3] 晁雷，胡成，陈苏，等．人工强化生态滤床滤料性能研究 [J]．安全与环境学报，2011，11（04）：87-90．

[4] 窦娜莎．曝气生物滤池处理城市污水的效能与微生物特性研究 [D]．青岛：中国海洋大学，2013．

[5] Pujol R，Gousailles M，Lemmel H．A keypoint of nitrification in an upflow biofiltration reactor [J]．Water Science & Technology，1998，38（3）：43-49．

[6] 何江通．基于地表水Ⅲ类标准的尾水深度除磷技术研究 [D]．广州：广东工业大学，2016．

[7] 张子健．高 Al$_b$ 含量的聚合氯化铝和聚合硅铝混凝剂的研究 [D]．济南：山东大学，2005．

[8] 孙翠珍．新型聚合铝铁——有机复合絮凝剂的混凝性能及其絮体特性研究 [D]．济南：山东大学，2012．

[9] 陈莉荣，杜明展，李玉梅．吸附剂在氨氮废水处理中的应用研究进展 [C]．中国环境科学学会学术年会论文集（第2卷）．北京：中国环境科学学会，2011：1020-1024．

[10] 颜湘波，卜云洁，王学江．硝酸改性竹炭在 A/O 接触氧化工艺中的应用 [J]．水处理技术，2014，40（06）：66-69．

[11] 陈靖，李伟民，丁文川，等．Fe/Mg 负载改性竹炭去除水中的氨氮 [J]．环境工程学报．2015.11：5187-5192．